大学生生态文明教育研究

Ecological Civilization Education of College Students

范 梦 著

社会科学文献出版社
SOCIAL SCIENCES ACADEMIC PRESS (CHINA)

目　录

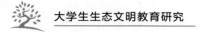

绪　论

　　马克思在《1844 年经济学哲学手稿》中指出，从人对自然的关系中"可以判断人的整个文化教养程度"，因为"这种关系通过感性的形式，作为一种显而易见的事实，表现出人的本质在何种程度上对人来说成为自然，或者自然在何种程度上成为人具有的人的本质"。① 人类作为特殊的自然存在物，从属于自然界，自然界是人的"无机的身体"，人与自然的发展在本质上是一致的。在自然的类关系中"人对自然的关系直接就是人对人的关系，正像人对人的关系直接就是人对自然的关系"。② 自然界和他人作为活动对象，都在人们的对象性活动中确证着主体的"本质力量"，体现着主体的素质和发展层次。这种力量构成主体发展过程中的一切合理需要，以实现"每个人的自由发展是一切人自由发展的条件"③，即人的全面发展。

　　大学生教育是我国高等教育的主体部分，大学生的综合素质彰显着高等教育水平。在"五位一体"建设中国特色社会主义背景下，生态

---

① 《马克思恩格斯文集》（第 1 卷），人民出版社，2009，第 184 页。
② 《马克思恩格斯全集》（第 3 卷），人民出版社，2002，第 296 页。
③ 《马克思恩格斯文集》（第 10 卷），人民出版社，2009，第 666 页。

素养是大学生应具备的基本素养，需要通过系统的生态文明教育得以养成。

生态文明教育是借用生态学中注重个体与周围环境相互联系的研究理念发展形成的，要求尊重活动对象主体性，关注事物整体性、联系性的新型教育理念。与传统教育方式相比，生态文明教育更加注重受教育者道德品质和健全人格的培养，它可以使受教育者在认识生态环境、生态系统以及生物生长发展机理的前提下自然形成尊重、热爱生命的思想意识，进而形成对环境及他人的普遍关怀。生态文明教育要实现的是人的价值观层面的转变，是社会生态文化体系得以建立的基础。

一 选题的背景及研究的意义

（一）选题背景

思想政治教育作为社会主义建设实践的重要一维，是引导主体进行价值判断、价值追求、价值创造和价值实现的关键环节。思想政治教育强大生命力的维持，在于对发展问题的直面和对社会发展要求的精神支持。身处改革攻坚阶段，生态问题已成为全社会关注的最大焦点，大学生作为社会主义现代化建设新征程中的开路先锋、事业闯将，需要在思想政治教育中养成生态文明理念、习得生态文明习惯。

全球性生态危机引发的生态文明社会建设诉求，是生态文明教育产生的直接原因。从生态问题的现实状况来看，工业文明在现代科技的推动下，虽然强烈刺激了生产力的飞跃，但也逐渐割裂了人与自然的联系，人类开始走向自然的对立面，生态系统的破坏范围迅速扩大，最终引发了全球范围内的生态危机。2005 年，联合国发布了"新千年生态系统评价项目"调查结果。结果显示，从 1960 年到 2000 年，全球土地、水、森林、海洋等资源都受到严重破坏。为了提高短期内食物产量，大量土地被开垦，其总量超过之前 150 年内的开垦总和；水资源的消耗量也增加了 1 倍，一半的湿地资源被开发；森林面积减少了 50%，同时木浆和纸业产量却提高了 3 倍；1960 年以来，海洋生物也遭受了空前的灾难，珊瑚礁生物大量灭绝，由于过度捕捞，近 35% 的红树林丧失，海洋中大型鱼类锐减率达到 90%。虽然联合国不断召开环境会议，全球绿色革命方兴未艾，但生态社会建设依旧不断让位于经济增长，生态问题的解决迫在眉睫。

生态危机的肆虐揭露的是工业文明发展模式和发展理念的劣根性，是地球以毁灭的形式对新的文明形态发出的热切呼唤，也是对人类单向度的、机械主义世界观的善意警告。事实上，为解决生态问题、缓解人地矛盾，从 20 世纪 70 年代起，生态文明教育就已得到全世界广泛关注。在 1975 年的贝尔格莱德会议上，联合国教科文组织和环境规划署通过了《贝尔格莱德宪章》，该宪章提出要树立全球道德，要求人们在自身行为中反映出对生态环境和世界人民生活质量的责任感。1977 年，联合国在苏联的第比利斯召开首届政府间环境教育会议，会议颁布的《第比利斯宣言》中对生态文明教育的目的、任务、对象、内容以及教具、教材、教学原则和教学方法都做了规定，极大地推动了生态文明教育的发展，自此，包括苏联在内的欧洲各国、美国等发达国家都开始给予生态文明教育极大重视，从小学到本专科院校，无不全面开设生态文明教育课程，形成了一股广泛而深入的生态文明教育热潮。

从国外高校生态文明教育现状来看，发达国家多数高校的生态文明教育已成为校园文化的重要组成部分。环境博物馆常见于大学校园内，这些博物馆大都藏品丰富，颇具规模，并对社会公众开放，很好地承担了环境科普的功能。有些学校还在校园内建设了种植园，不仅用于满足科研需要，还可以使学生在实践中丰富生态常识，养成生态伦理。我国台湾地区"行政院"环境保护署明确指定了十几所大学的环境专业机构作为环境教育场所，这些学校要对在校生以及公众开展信息传播、教育训练、研究发展等活动。香港的大学普遍占地面积小，但多数学校都在通过推广社会责任意识、推广社工活动等形式进行环境教育，例如香港城市大学就经常组织学生去马湾公园开展清除杂草、向群众讲解生态常识活动。总之，国外及我国港台地区高校的生态教育活动大多形式多样、体系完善，具有很强的稳定性和持续性，不仅有效提升了学生们的生态素养，还承担起了一定社会生态教育职能。

随着生态文明教育在全球的兴起，我国也进行了一些生态环境教育尝试。从 20 世纪末至今，我国出版了一系列高质量的课外儿童环保读物，一定程度上起到对环境知识的科普作用。近几年，也有一些地区在中学教育阶段开展了生态文明教育实践活动，如加大校园绿化力度、建设生态化校园、开展生态体验活动、带领学校师生进行户外活动、体验自然之美等。高等教育方面，生态文明教育已纳入高校思政教材，很多高校也都开设了环境专业，培养专门人才从事环境保护和恢复工作。但通识教育层面的思政课程体系中对生态文明相关内容涉及甚少，教育形式多限于具体生态知识的灌输，对于生态文明意识、生态伦理理念以及生态审美等精神层面的思想品德教育没有系统化的介绍，环境教育的持久性和全面性都显现出明显不足，无法切实起到提升大学生生态文明素养、推动社会发展生态化转型的作用。2014 年，环保部在全国范围内展开了"生态文明意识调查"，调查结果显示，公众对生态文明呈现一种"高认同、低认知、践行度不够"的特点。其中的高学历群体更是表现出知行反差大的特点，很多人对环保行为表示"知道"却不一定

"做得到"，公众生态素养仍有很大提升空间。

就目前国内高校的生态化校园建设及生态文明教育现状来看，效果不尽如人意，大学生中普遍存在生态素养不高的现象。第一，生态知识匮乏，在某211高校进行的环境常识调研中对于"世界环境日是哪天"这个问题仅有46.4%的被调查者答对，对于"人类在食物链中的地位""主要温室气体有什么"这类多选题，少有被调查者选对。实际上，多数被访者都表示对环境知识有极大兴趣，但缺少学习和接触的机会。第二，多数高校都存在大学生生态文明意识淡薄的问题，单就节约意识来看，每所高校的食堂都存在严重的餐饮浪费现象，有学者研究显示，一个能容纳4000人左右的食堂，每天被浪费的饭菜可以达到600千克，96.85%的大学生都明白应该节约粮食，但真正能做到杜绝浪费的被调查者却并不多。[①] 另外，在大学校园中，乱扔垃圾、随地吐痰、不冲厕所等现象也十分普遍。这些问题一方面困扰着学生们的生活，另一方面也在被学生们逃避，调研中发现，很多学生认为自己上大学只是来读书的，校园环境卫生应主要依靠保洁人员来维持。第三，生命意识呈淡化趋势，自杀、谋杀事件频发。近几年，大学生自杀及谋害他人事件频频见诸网络、报端，投毒、群殴等恶性事件使大学校园失去了圣洁的外衣，大学生的传统高素质人才形象也受到强烈质疑。很难想象连自己和他人生命都不尊重的人会去尊重其他活动对象的主体性和生存权益，会有正确的人生观、价值观。

大学生作为高级人才是社会发展的风向标，是社会主义建设的中坚力量，高校对大学生生态素养的培育不能仅限于生态知识的补充和丰富，而更应注重其思想层面的生态理念培养，帮助其树立起符合社会主

---

① 李丰、钱壮、钱龙：《高校食堂食物浪费报告》，经济管理出版社，2019。

义生态文明建设要求的生态伦理观，养成生态文明意识，以审美的姿态对待生活，以包容性、全局性、系统性的眼光分析、解决问题。这样的生态文明教育才能彰显高校办学层次和办学水平的提升，才能培养适应社会主义生态文明社会建设要求的现代公民。

（二）研究的意义

1. 理论意义

生态文明是当代人对日益严重的"生态环境问题及由此引发的社会问题进行的实践性反思"。[①] 生态文明教育是与生态文明社会发展要求相适应的教育范式，它包括与生态文明相关的自然观教育、伦理教育、发展观教育、文化教育等教育内容。大学生生态文明教育是对传统大学生价值观、自然观、发展观教育的丰富，与可持续发展理念相契合。从 20 世纪 70 年代起，主要发达国家开始结合本国国情积极开展对生态文明教育的研究，形成了很多备受欢迎的学派，有些甚至发展为颇具影响力的政治势力。而我国对生态文明教育的研究却始终处于被边缘化的状态，已有的大学生生态文明教育仅限于个别专业，且缺少系统的理论体系和丰富的教育内容。在改革的关键时期，对大学生生态文明教育研究的强化，将大学生生态文明教育研究与大学生法制教育、思想道德教育、爱国主义教育等内容有机结合，营造新型高校思想政治教育生态，对大学生生态道德水平、生态化生活能力的提升具有深刻意义。

（1）大学生生态文明教育研究是思想政治教育理论发展的内在要求。

马克思认为，"已成为桎梏的旧交往形式被适应于比较发达的生产

---

① 范梦：《论"五位一体"视域下的生态文明教育》，《湖北经济学院学报》（人文社会科学版）2015 年第 7 期。

力，因而也适应于进步的个人自主活动方式的新交往形式所代替；新的交往形式又会成为桎梏，然后又为别的交往形式所代替"。① 工业文明社会中，人们的交往形式是与工业化生产方式相适应的，呈现极度人类中心主义特征。在以人为中心的价值取向下，一切自然物都成了用以满足人需要的原材料，都被作为人类发展的附属品被肆意消耗滥用。但随着生产力的发展，生态危机的产生揭示了工业文明的固有缺陷，生态环境发起的挑战激烈冲击着工业文明中的人类中心主义价值观及与之相适应的交往方式。生态危机的解决对人们的交往实践水平提出了新的要求，因而也对高等教育提出新的发展要求。大学生生态文明教育研究致力于扩大思想政治教育中多维双向互动理念，力求将其应用于对其他自然存在物的对象性活动中，倡导从长远视角看待人类社会与自然界的关系以及人与人的关系，其中对大学生生态法治教育、生态伦理教育、生态认知教育等内容的研究是对思想政治教育自身发展需要的满足。大学生生态文明教育研究是高校思想政治教育为应对新的社会问题的创新性发展，是在高级知识分子中建立与生态文明相适应的新型交往方式的重要环节。

（2）大学生生态文明教育研究是高等教育面向社会的需要。

立足中华民族伟大复兴战略全局和世界百年未有之大变局，不断推进马克思主义中国化时代化是新时代赋予高等教育的重要使命之一。教育的前提和基础是必须服从一定社会政治、经济、文化发展要求，而思想政治教育的方向和目标是必须超越社会的客观条件，服务于社会的政治、经济、文化，促进社会的发展。党的十八大以来，我国进入"五位一体"建设中国特色社会主义新阶段，要求将可持续发展理念渗透

---

① 《马克思恩格斯选集》（第一卷），人民出版社，1995。

到社会发展的方方面面，建立完整的生态文明制度体系，实行资源有偿使用和生态补偿制度，生态文明建设成为社会关注热点，生态文明教育研究正体现出思想政治教育服务于社会发展的本质。另外，对大学生生态文明教育的研究要从马克思主义理论出发，深入挖掘马克思主义自然观、发展观，借鉴发达国家生态文明教育经验，构建出与中华历史文化和当前发展背景相适应的更具先进性、前瞻性的生态文明教育理论，实现思想政治教育面向社会的超越和服务性功能。

（3）大学生生态文明教育研究是生态文明教育理论的本土化发展。

"作为一种价值属性的体现，有效性所指的是特定实践活动及其结果所具有的相应特性，且这种特性又是实践活动及其结果在与相应价值主体构成的价值关系即对相应主体需要的满足关系中所表现出来的。但是，对于同样的教育内容，不同的受教育者会因各自需求做出不同的价值判断，所以教育有效性的实现要充分考虑受教育者的现实需求。"① 自 20 世纪末，联合国多次倡导各国将生态文明教育理念与国情相结合，实现生态文明教育的本土化发展。"身处不同国家、地区和不同自然、社会环境中的受教育者自然会有不同的发展需要，中国公民生活在中国特色社会主义制度下，接受马克思主义思想的指导和传统文化的熏陶，在学习和发展方面必然有自身独特欲求。因此，对生态文明教育的研究要考虑到国民需求的特殊性，挖掘、组合适合国情和大学生认知能力的教育要素，从而提高大学生生态文明教育的有效性。"② 大学生刚刚进入成年阶段，虽已具备一定的专业素养和技能，但心智发展尚未成熟，

---

① 范梦：《论"五位一体"视域下的生态文明教育》，《湖北经济学院学报》（人文社会科学版）2015 年第 7 期。

② 范梦：《论"五位一体"视域下的生态文明教育》，《湖北经济学院学报》（人文社会科学版）2015 年第 7 期。

其价值体系的构建和价值观的修正、充实是大学学习期间的关键环节，而健全人格的养成可以为其职业生涯走向奠定坚实基础。大学生生态文明教育研究是生态文明教育理论在中国特色社会主义制度下针对高素质青年人进行的本土化发展，是提高生态文明教育理论适用性、有效性的应有之义。

2.实践意义

（1）大学生生态文明教育研究是大学生生态文明教育得以全面开展的前提。

从数量上看，现有的这方面理论研究非常有限，而实践中多数高校的生态文明教育研究也仅在环境类专业中开展。虽然时常有学者会涉足生态文明教育研究，但成果十分零散，研究连续性较差，内容也仅是从宏观方面泛泛而谈，系统化的理论体系至今没有出现。思想政治教育视野下大学生生态文明教育的研究将整个大学生群体作为教育对象，利用已有的思想政治教育体系将生态文明教育具体化、形象化，提升了大学生生态文明教育的可行性，同时，也为大学生生态文明教育烙上鲜明的中国特色。

（2）大学生生态文明教育研究是推动大学生发展需求多样化、提高大学生综合素质的需要。

1880 年，恩格斯提出："在共产主义社会，人会成为自由的人，这体现在人终会成为自己的社会、自然界和自身的主人上面。"可以看出，自然、社会及个人的发展是一个统一的过程，三者共同推进才能逐步实现人的全面发展。"全部人类历史的第一个前提无疑是有生命的个人的存在"①。生态文明教育旨在培养一种全面、联系、整体、协调看

---

① 《马克思恩格斯选集》（第一卷），人民出版社，1995。

问题的能力，赋予自然主体性，使人与自然的协调一致成为个人活动的重要原则。大学生生态文明教育研究力图通过将生态文明教育要素有机注入现有思想政治教育体系，使自然界全面纳入大学生学习视角，拓宽其生活和思考维度，转变大学生中普遍存在的单一功利性思维方式。利用大学生群体对自然界的情感关怀，强化思想政治教育对相关内容的阐释，利用多种手段进行生动展现，使课堂更加生动立体。总之，大学生生态文明教育研究将对大学生生态素养提高、生态能力增强、需求层次提升都产生重要影响，它将以更加广泛而深刻的人文关怀帮助大学生建立起与生态文明社会相适应的自然观、价值观、发展观，推动高校培养出更具创新力和协作能力的现代化人才。

（3）大学生生态文明教育研究是提高大学生生态认知能力和行为能力的需要。

早在党的十八大就提出了"建设社会主义市场经济、社会主义民主政治、社会主义先进文化、社会主义和谐社会、社会主义生态文明，促进人的全面发展"① 的要求。进入新时代，生态文明思想更是习近平中国特色社会主义理论体系的重要特征所在。要成功建设社会主义生态文明，就必须实现人们生态素质和地球公民意识的提高，致力于生命共同体的构建。当前大学生生态素养还远未达到尊重自然、顺应自然、保护自然的生态文明建设要求，高校生态教育研究是用党的生态文明建设思想发展大学生思想政治教育的过程，将生态文明教育纳入思想政治教育研究视野是找到提高大学生生态素养途径，培养符合社会主义社会发展要求的青年人才的必经之路。

---

① 《党的十八大报告（全文）》，http：//www. wenming. cn/xxph/sy/xy18d/201211/t2012 1119_ 940452. shtml。

二　国内外研究综述

（一）国内研究现状

当前我国关于大学生生态文明教育的研究已取得一些成果，这些研究中，多关注大学生生态文明教育存在的问题、产生原因、改进措施等。很多成果从生态伦理、生态哲学、生态美学、传统文化、习近平生态文明思想等方面着手，对大学生生态文明教育进行探讨，立意深刻、观点独特。

1. 关于大学生生态文明教育的研究

目前这一领域的研究主要是从大学生生态文明教育的重要性、存在的问题、教育内容等几方面展开。

从大学生生态文明教育的重要性来看，学者们普遍对生态文明教育有利于大学生综合素质的提高以及个人能力的全面发展表示认同。学者张博强认为，生态文明教育是帮助大学生培养出从整体性视野看待人与自然、人与社会关系的习惯，要求大学生合理利用自然规律，从全局利益、长远利益看待问题，这需要一定的生态责任、生态义务精神与之相适应，因而生态文明教育对大学生综合素质的提高有重要意义。[①] 西安交通大学的刘建伟教授认为，生态文明教育对于大学生良好生态道德的形成和德育教育视野的拓展都有重要意义，也是促进大学生全面发展的客观要求。[②] 学者俞白桦从落实科学发展观和构建和谐社会两方面强调

[①] 张博强：《略论大学生生态文明教育》，《思想理论教育导刊》2013 年第 6 期。

[②] 刘建伟：《高校开展大学生生态文明教育的必要性及对策》，《教育探索》2008 年第 6 期。

了加强大学生生态文明教育的重要性。①

从目前大学生生态文明教育中存在的问题来看，学者们普遍认为我国高校的生态文明教育工作开展得十分有限，可以说仅处于起步阶段，大学生的生态文明素质存在很多问题，生态文明教育工作有很大的提升空间。第一，高校生态文明教育存在的最大问题在于对生态文明教育的重视程度不够。扬州大学学者杨林表示②，目前，非生物、环境专业开设生态相关选修课的院校仅占高校总数的 10% 左右，有机会接受生态文明教育的非相关专业学生也只占很小比例。其他学者的意见主要集中于我国高校的生态文明教育没有专门的规划和统一的安排，教育内容比较零散，对于很多环境热点问题，在大学生的生态文明教育中很少体现。第二，生态意识淡薄是目前大学生生态文明教育存在的另一个重要问题。学者们普遍认为，大学生的生态意识多停留在认知层面上，很少能内化为行为习惯。有学者经调查发现，"部分学生对全球环境恶化和生态危机缺乏忧患意识和责任感，缺乏尊重自然、热爱自然的情感"③，多数学生的生态知识与行为脱节，因而校园内的不文明行为屡禁不止。第三，价值观偏差影响高校生态文明教育的健康发展。受社会不良风气的影响，越来越多的大学生中出现奢侈消费、崇尚享受等现象，过度消费使资源节约成为空谈。

从大学生生态文明教育内容来看，学者们的观点也大体一致，基本都是从生态价值观、生态伦理、基本生态知识几方面进行论述。而关于生态文明教育的途径和手段的研究，也都主要从思想政治课程教育、校

---

① 俞白桦：《关于加强高校生态文明建设的思考》，《思想理论教育导刊》2008 年第 11 期。
② 杨林：《论大学生生态文明教育的途径》，《教育评论》2010 年第 5 期，第 42 页。
③ 陈艳：《论高校生态文明教育》，《思想理论教育导刊》2013 年第 4 期。

园文化教育、社会实践教育、网络教育四个方面展开。

2. 关于大学生生态文明教育途径和方法的研究

很多学者从不同学科和不同教育对象的特点出发，对生态文明教育工作的开展提出建议。总体来讲，大家还是认为生态文明教育要真正产生作用除了需要相应的生态学知识外，还需要其他领域知识的丰富，需要人的整体科学文化素质的提高。学者张永红从环境文学教育的角度对生态文明教育措施进行研究[①]，她认为，有效的生态文明教育要在多学科的通力配合之下才能得以实现，而这将是一个复杂的系统工程。赵秀芳、苏宝梅在《生态文明视域下高校生态文明教育的思考》中都针对大学生的生态文明教育提出了相关建议，他们认为目前高校的生态文明教育体系尚未形成，需要教育体制、各相关学科以及师资力量的支持，要以马克思主义的生态文明观作为高校生态文明教育的理论指导，对受教育者进行整体的、系统的、全程的教育，并将理论教育和实践教育相结合。还有一些学者以全社会的生态文明教育实施方法为研究对象，提出了完善生态文明教育体制、借助媒体和政策营造良好生态文明教育氛围、分阶段进行终身教育、注重理论与实践相结合等生态文明教育途径。

无论是针对学校教育还是社会教育，学者们普遍认为理论与实践相结合是实施生态文明教育的主要路径，而实践的意义相对更大一些。

3. 关于生态文明教育内涵的研究

我国学术界目前对生态文明教育内涵的研究在不断丰富，由于人们认知的视角不同，关于生态文明教育的定义仍没有形成定论，但普遍认

---

① 张永红：《自然·精神·社会：生态文明的三个维度》，《前沿》2010 年第 1 期，第100 页。

同生态文明教育是以生态学为依据旨在使人们适应生态文明社会建设和发展需要的教育。如黄正福从人的生态素养、生态意识的角度来定义生态文明教育。① 李高峰从人们应对危机的能力的角度对生态文明教育内涵进行了说明。② 杨焕亮围绕教育环境、教育生态对生态文明教育内涵进行阐释③，学者温远光则以生态文明教育目的为出发点对生态文明教育进行了定义④，而刘静对生态文明教育做了较为全面的定义，她认为，整体论的世界观和方法论是生态文明教育的根本指导思想，生态文明教育的主要内容是保护自然环境，基本手段是理论教育和实践教育，而生态文明教育的根本目标是提高公众的生态意识和生态素质，实现可持续发展、建设生态文明的和谐社会。⑤

另外，国内学界也有一些立足于某些在建生态项目的定义，例如，黄强针对上海市崇明区创建"生态文明教育"特色品牌活动实践解释了生态文明教育内涵。他认为，生态文明教育包括生态人的培养目标、生态课程系列的构建、教与学方式的变革性探索、教师生态文明教育素养的提升和实践基地的配套建设等 5 个要素，"生态文明教育"的核心是自然教育与人格教育和谐的完美演绎，"生态文明教育"，不仅关注人与自然的和谐，也关注人的行为是否高尚。崇明区生态文明教育关注"生态人的培养"，所谓的"生态人"需要具有清晰稳固的可持续发展观，包括生态道德观、生态效益观、国际生态观等，还应具有包括从事清洁生产、生态农业、园艺绿化等实际能力的生态职业能力。崇明岛岛

① 黄正福：《高校生态教育浅析》，《黑龙江教育学院学报》2007 年第 2 期。
② 李高峰：《国际视野下的生态教育实施与展望》，《中国校外教育》2008 年第 8 期。
③ 杨焕亮：《生态教育策略研究》，《小学教育科研论坛》2004 年第 2 期。
④ 温远光：《世界生态教育趋势与中国生态教育理念》，《高教论坛》2008 年第 3 期。
⑤ 刘静：《生态文明教育的内涵、意义及实施路径》，《哈尔滨市委党校学报》2010 年第 6 期。

上居民应具有与生态岛建设相协调的生活方式与行为习惯，包括进行绿色消费，以及节能、节水、生活垃圾处理等习惯。①

综上所述，目前对生态文明教育内涵的解读都离不开三方面的要素。第一，生态文明教育产生于生态危机背景下，致力于生态危机的解决和可持续发展的实现。第二，生态学的宏观有机思维是生态文明教育的重要依据。第三，生态文明教育的最终落脚点是要提高人们的生态素养和生态能力。总体来讲，我国对生态文明教育内涵的研究很大程度上局限于环境教育，很少将人类社会内部关系纳入研究范围，这样很难实现使受教育者尊重活动对象主体性的教育目的，研究视域仍需要扩大。

4. 关于生态文明教育内容的研究

关于生态文明教育内容的研究主要集中在知识性内容和适用性内容两个方面，针对不同的教育对象和教育目的，学者们对教育内容的范围界定存在一定的差别，但研究中都强调了生态知识教育的重要性。

周海瑛在论文中针对人的生态素养的提高从三方面划分了生态文明教育内容。第一，生态素养的提高需要掌握系统的生态学领域科学知识，这样才能领会生态破坏与人类健康之间的内在关系。第二，要将情感关怀从眼前和个人扩展到自然和全人类，从而实现人类精神世界的自我完善。第三，要获得知识和情感必须要注重意志因素的锻炼。② 杨东认为，生态文明教育是要培养具有生态自觉和生态能力的新型劳动者，他指出，生态文明教育内容应该包括整体思维方式的培养、生态意识的培养、生态道德的培养、全新科技观的培养、科学利用自然和保护自然

---

① 黄强：《生态文明教育：立足现在走向未来的教育》，《文汇报》2010 年 1 月 26 日。
② 周海瑛：《关于生态文明教育和培育问题的思考》，《黑龙江高教研究》2002 年第 3 期，第 113 页。

能力的培养、符合生态原则的生活和行为方式的培养等六个方面的内容。① 刘海霞、刘煦也在这方面做了专门的研究②，她们认为，生态文明教育是一种跨学科的整体教育，所以生态文明教育内容需要包括基础性内容、本土性内容、综合性内容、实用性内容四个方面。其中基础性内容由生态学基本知识、地理学基本知识、环境科学的基本知识三个部分组成；本土性内容包括历史与现实的教育、国情教育、人文与自然的教育三部分内容，本土性教育的主要目的是让受教育者了解国情，对其敲响警钟，通过历史教育使受教育者了解生态问题的复杂性和本土化特征，再用贴近生活的人文教育来增强教育内容的说服力。综合性内容也包括三部分内容，第一是可持续发展观教育，关注人在精神发展和物质发展上的协调，以及国家之间的通力合作；第二是科学发展观教育，用科学发展观增强公民的生态意识和环境意识；第三是社会主义生态文明观教育，其实质要求是建设资源节约型、环境友好型社会。实用性内容包括鉴别和分析生态问题的能力、提出和确定最有效解决方法的能力、制定并采取有效行动的能力。

由此可知，对于生态文明教育内容的研究主要集中在生态基础知识、生态意识观念、生态践行能力几个方面，而生态基础知识是基础性内容，得到的关注最多。

5. 关于生态文明教育存在问题研究

国内对生态文明教育存在问题的研究主要针对学校教育展开，但也进行宏观层面的探讨。学者刘静曾指出，我国生态文明教育的问题主要

---

① 杨东：《生态教育的必要性及目标与途径》，《中国教育学刊》1992 年第 4 期，第 38 页。

② 刘海霞、刘煦：《生态教育内容的主体构建》，《中国成人教育》2012 年第 16 期，第 15 页。

表现在：一是公众对长远的、广泛的环境问题认知程度有限，关注度低；二是公众缺乏对生态问题内涵的合理把握；三是缺少民间组织的环境保护机构；四是生态责任感较差，对环境污染问题存在很大侥幸心理。① 学者朱国芬认为，我国生态文明教育存在的问题是：（1）就其内容和目标而言，对生态危机和环境问题的介绍是当前生态文明教育的主要内容，还没有上升到对学生生态素养的培养；（2）就其地位和范围而言，虽已得到一定程度的重视，但远未实现终身化、系统化教育目标，尤其是大学阶段生态文明教育还有很大的发展空间。② 在学校生态文明教育存在的问题方面，学者黄平芳认为主要存在意识观念缺失、教育内容过于狭窄、教育途径与方法过于简单、生态文明教育师资缺乏四方面的问题。③

总体来讲，目前我国的生态文明教育仍存在很多问题，思想上的重视程度不够是最主要的问题；社会范围内对生态文明教育的冷淡甚至抵触导致了民间组织的缺位；教育资源的不足，使生态文明教育陷入了两难。

6.生态文明教育其他相关研究

从目前国内学术界生态文明教育科研成果来看，除了关于生态文明教育本身的研究，还存在一些关于生态伦理教育、生态法治教育、生态意识教育、生态美学教育等方面的研究，这些研究都与生态文明教育有很大的重合。

近年来，关于生态伦理教育的论文大量涌现，中国知网中有 332 篇

---

① 刘静：《生态文明教育的内涵、意义及实施路径》，《哈尔滨市委党校学报》2010 年第 6 期，第 92 页。
② 朱国芬：《构建中国特色生态文明教育体系》，《当代教育论坛》2007 年第 11 期。
③ 黄平芳：《学校生态文明教育体系的构建路径》，《理论探讨》2010 年第 7 期，第 69 页。

文献的篇名中包含"生态伦理教育"。这些文献多数也都是以大学生、中小学生、教师、农民、游客等特殊群体为对象进行探讨，但也有少数宏观层面的研究。例如，西北政法大学的郭明俊教授指出，生态伦理的出现不仅意味着伦理类型的变化，而且反映了人类"伦理范式"和哲学世界观的转变，要求我们通过生态自我来实现生态觉悟的觉醒，克服或扬弃传统伦理观的偏狭。[①] 也有一些学者从人与自然、人与人的关系方面对生态伦理进行了阐释。关于生态伦理教育的研究，学者多从学校教育入手，强调要重视相关课程的开设，并做到课堂教学与课外实践相结合，加强校园环境和文化建设。

生态文化近年来也是生态文明教育相关领域的研究内容。陈寿鹏教授和杨立新教授认为，生态文化有广义和狭义之区别。广义的生态文化是一种生态价值观，它反映了人与自然和谐相处的新的生存和发展方式，是一种全新的文明形态和发展理念。在这种定义之下，生态文化可以概括为物质、精神、制度三个层次。狭义的生态文化可以被概括为一种新的社会意识形态，其指导思想是生态价值观。[②] 在他们看来，生态文明教育是生态文化的一个重要方面。佘正荣教授也指出，生态文化要体现人们生存环境的多样化特征，必定会是对民族文化的反映和融合，它是人地关系的镜像反映，与人类社会共生。而人的生态素养也可以被定义为生态文化教养。从中国传统生态文化的角度看，生态文化教养的培养要从四方面做起。第一，利用生成了的整体思维模式培养人们的生态思维。第二，利用尊重生命价值和普遍关怀的生态道德观充实当代生

---

① 郭明俊：《生态伦理教育对提升大学生道德修养的意义》，《教育理论与实践》2012 年第 36 期，第 37 页。

② 陈寿鹏、杨立新：《论生态文化及其价值基础》，《道德与文明》2005 年第 2 期，第 76 页。

态伦理。第三，利用"天人合一"的生存境界形成生态生存论的态度，改变物质主义的恶习。第四，借鉴协调人与自然关系的生态实践经验促进良好行为习惯的形成，从而使人自觉维护生态环境。① 目前关于生态文化的研究还不是很多，有些学者将它作为生态文明教育的内容进行研究，也有些学者从文化研究的视角进行探讨。

生态意识教育是近几年生态文明教育研究的另一个重要方面。学者于冰提出，作为现代文明的标志之一，生态意识是一种用于体现人与自然和谐发展的新的价值体系。生态意识是对工业文明背景下的片面的物质追求的摒弃，是对机械主义和拜金主义导向下的人地对立的理论框架的突破，它倡导一种适度发展的文明价值观。② 还有学者认为，生态意识教育不仅仅是进行环保理念的培养，更深刻的目的是将生态意识内化为人们的思维方式继而转化为稳定的行为习惯。③ 生态意识成为人们社会意识的基础，塑造人的尊重活动对象的价值观以及培养整体、宏观的思维方式是生态文明教育的主要目的。还有学者从佛教、历史等研究领域丰富生态意识的研究内容，从宗教教义、专业课程教学中寻找与生态意识相一致的内容，将生态意识教育与人类积极奋进、追求理想生存环境的本能要求相结合，将生态意识教育活动与教学内容和实践教学相结合，从而增进人们对生态意识教育的理解。④

另外，生态文明教育的相关研究还包括生态审美教育、"可持续发展教育"、环境教育等，都从不同的视角探讨了人与自然、人与人之间

① 余正荣：《生态文化教养：创建生态文明所必需的国民素质》，《南京林业大学学报》（人文社会科学版）2008 年第 3 期，第 151 页。

② 于冰：《"人化自然"与现代生态意识的构建》，《北方论丛》2011 年第 6 期，第 122 页。

③ 李忠安、张博强：《大学生生态意识教育的内涵及发展理路》，《黑龙江高教研究》2013 年第 2 期，第 28 页。

④ 方立天：《佛教生态哲学与现代生态意识》，《文史哲》2007 年第 4 期，第 24 页。

的关系，并提出了提高人们生态素质、缓解人地矛盾、构建和谐社会的相关建议。

（二）国外研究现状

关于生态文明教育的国外研究起步较早，发展也较我国完善和全面很多。国外对生态文明教育的研究分成不同层次，既有宏观的针对全社会的生态文明教育研究，也有针对不同教育阶段和年龄段的研究。这些研究多数建立在相关生态教育项目上，拥有有力的数据、案例支撑，涉及生态学、经济学、政治学、哲学等多个领域，展现出很强的学科跨度。国外关于大学生的生态文明教育的研究主要呈现在针对成年人的生态教育中，强调对人的生态化生活能力及生态责任感的培养。

1. 关于生态文明教育内涵的研究

国外关于生态文明教育内涵的研究，依据时间和发展阶段的演变，体现出明显的从环境教育向生态教育过渡的层次性。其发展从自然界的内在价值及人们对自然界的关怀开始，逐渐扩展到可持续发展理念、人类社会内部的协调发展以及"地球公民"意识等。总体来看，发达国家的生态文明教育具有极强的实践性、主体性特征，强调人的个性的培养。

俄罗斯学者 Г. Н. Kapna 把生态教育定义为"在人地关系方面人所受到的连续教育，在人的环境和责任意识的培养方面指明了新的教育目标，拓宽了传统教育的视野"。[1] 有些俄罗斯学者还从广义和狭义角度对生态教育进行分类："把生态技能和生态知识相结合内化到主体的认知体系便成为狭义的生态教育，而社会、环境和个人关系的协调过程便

---

[1]　Г. Н. Kapna Teopeг основы зкологического образования. Мн. : НМО，1999，С70-99.

被认为是广义的生态教育。"① 俄罗斯学者试图把生态文明教育构建成一种特殊的教育模式，这种模式注重培养人的自然感悟能力，把受教育者作为环境教育的主要参与者，注重培养受教育者的美学情感，提高学生的环境意识，并唤醒他们的生态伦理良知，培养人健全发展的自然性，让受教育者接触自然环境、亲近动植物，从而产生对大自然的归属感和认同感。同时，这种教育模式还要求教育者以实验和实证研究的方式为学生制定科学的学习方案，它超越了知识和技能范畴，其目标是培养正确的环境态度和价值观。美国生态教育学者吉利安·贾德森认为，生态教育关注的是事物之间的内在的固有的自然关系，生态教育的前提是将人类视为一种内在于而不是外在于自然界的存在，因而它追求的是地球和其全体居民的共同利益的实现。② 另一位美国学者理查德·卡恩扩大了生态文明教育研究的视野，他认为生态教育除了要求在教育中融入人文关怀外，还要塑造一个关注未来生态政治的公正和自由的世界，这种生态政治将是压制新自由主义和帝国主义的武器。③ 国外学术界对生态文明教育内涵的研究与生态文明教育实践以及生态运动实践紧密联系，其外延在不断扩展。

2. 关于生态文明教育重要性的研究

20 世纪 70 年代以来，发达资本主义国家的学者们从未放松过对生态文明教育重要性的强调，他们从生态文明教育的角度深度挖掘着生态危机产生的伦理、制度、经济、文化等方面的原因，以普遍关怀的视角审视着人类社会和自然界，尖锐地批判着霸权主义。安杰拉·安图尼与

---

① Структура научных ревлюций. -М. Прогрсс，1977. -300с.
② Gillian Judson. 2010. A New Approach to Ecological Education. New York：29 Broadway.
③ 〔美〕Richard Kahn：《批判教育学、生态扫盲与全球危机：生态教育学运动》，张亦默、李博译，高等教育出版社，2013，第 16 页。

莫阿西尔·加多蒂认为，生态文明教育不能简单地认为是众多教育学中的一分子，它不仅仅是一个关于自然保护（自然生态学）以及人类社会对于自然环境所产生影响（社会生态学）的全球性工程，更是一个从生态视角（综合生态学）观察可持续文明的新模型，它要求经济、社会和文化结构做出必要的改变。因此，它必须联系于某些乌托邦式的观点——改变当前人类、社会和环境之间的关系。生态文明教育学的深层含义就在于此。[①] 可见，他们认为生态文明教育的研究不能局限于学科本身发展，生态文明教育效果的实现也不能仅靠生态文明教育学自身的发展。拉丁美洲的弗莱雷在《愤怒的教育学》一书中提到，现在情况危急，我们必须开始承担起义务，为了最基本的伦理准则而斗争，比如尊重人类的生命，尊重其他动物的生命、鸟类的生命以及河流和森林的生命。如果文明无法热爱这个世界，那我便不相信男人和女人之间的爱、人类之间的爱。生态学在世纪末被赋予了最根本的重要性，它必须在任何基础教育、批判教育或者自由主义教育的实践中体现出来。因为这个因素，在我看来存在这样一个悲哀的矛盾：一方面我们要从事激进而革命的事业，另一方面践踏生命的行为却还将继续，还将污染海洋、河流、田野，破坏森林、树木，威胁飞鸟和走兽，对山脉、对城市、对我们的文化和历史遗迹实施暴力。[②] 弗莱雷代表的是一种深层生态学观点，表达的是对所有有生命的事物的普遍尊重。他阐明，人类只有能够尊重一切生命才能够做到真正的相互尊重，才能让世界真正有爱，但他也指出了环境和发展之间的悖论，引发人们对解决问题办法的思考。弗

---

① Antunes, A., and M. Gadotti. 2005. Eco-pedagogy as The Appropriate Aedagogy to The Earth Charter Process. In p. Blaze Corcoran (ed.), The Earth Charter in Action: Toward A Sustainable World. Amsterdam: Kit Publishers.

② Freire, P. 2004. Pedagogy of Indignation. Boulder, Co.: Paradigm Publishers.

里曼·巴茨曾在著作中阐述说，"人"有纷繁芜杂的各种定义，诸如建立符号的动物、制造工具的动物、社会动物、政治动物、理性动物和精神动物，等等。所有这些特征都被认为是将人类与自然界其他动物区分开来的基本元素，并赋予其独特的人格特征，人不应该被描述为生物学意义上的"智慧之人"，而应该从社会和文化的角度被称为"教育之人"。毫无疑问，更确切的描述应该是这样的：人类之所以称为人类，是因为人成为教育学习的动物。① 他从人的属性的角度阐明了教育对人的发展的重要意义，从而进一步展开人们接受生态文明教育的重要性，因为学习是理解真理和培养人性的双重过程，而生态文明教育的目的是在学习中更全面地认识世界并养成更高尚的道德。日本教育家池田大作说②，人的内心世界有其固有的韵律，一旦这种平衡失调，人的内心世界就会出现冲突和波动，变成破坏性的、攻击性的、支配性的欲望和冲动的能源……外部地球的沙漠化与人类生命的"精神沙漠化"是分不开的。可见，人的精神世界得到舒缓才能对外部世界产生关怀，才能与外部世界和谐相处。

3. 关于生态文明教育存在问题的研究

虽然西方学者在生态文明教育方面做了不懈的努力，但生态教育仍存在很多问题，这促使他们采用国际视角对生态文明教育进行研究，并将其延伸到政治领域，使生态文明教育得到更多的关注。埃德加·高迪亚诺是国际著名的环境教育批评家，他曾说过，环境教育中总是充斥着各种为发达资本主义国际撑腰的理论、政策和其他相关内容。这体现了他对环境公正的迫切需要，并依此尝试对抗不可持续发展战略所产生的

---

① Butts, R. F. 1973. The Education of The West: A Formative Chapter in The History of Civilization. New York: Mcgraw Hill.
② 〔日〕池田大作：《池田大作集》，何劲松编选，上海远东出版社，1997，第177页。

种族主义文化歧视。大多数教育项目目前将环境主义理解为是一系列野外养护或者保护区建立的问题，而环境正义却一直被忽视。所以，埃德加·高迪亚诺通过提倡"人类安全"这一复杂概念尝试动摇"国家安全"的最重要地位，使"各种问题的教育学"得到最高关注。①《加拿大环境教育学报》的创刊编辑、第五届世界环境教育大会的组织者之一鲍勃·吉克林，更是忧心于工具主义的盛行和目前可持续发展理论的刻板教育。在他看来，有一点令人非常担忧，即可持续发展教育的一个趋势是将教育作为传达、宣传专家关于可持续发展理念的唯一途径，但人们却没有将其看作一个机遇，使学生能够通过参与性和认知性的过程来了解可持续发展的意义。② 他从可持续教育的角度批判了生态文明教育的刻板性弊端，并暗示生态文明教育的目的在于解决生态问题实现可持续发展，但如果使生态文明教育太过功利，将无法实现其目标。理查德·卡恩在《批判教育学、生态扫盲与全球危机：生态教育学运动》一书中提到，教育家们所面临的更多困境在于，各种社会及生态灾难层出不穷，而这些灾难往往源于人类对自然不可持续的经济开发方式，以及各种可能影响环境的文化行为。研究这类问题，是需要人们对主流生活方式和主要社会结构间的辩证关系保持批判的眼光，还需要运用更彻底和更综合的环境教育形式，而当前民众所拥有的知识是远远不够的。

4. 关于生态文明教育与科技发展的关系的研究

国外对生态文明教育的研究总是离不开对科技的探讨，甚至一定时

---

① Gonzalez-gaudiano, E. 2005. Education for Sustainable Development: Configuration And Meaning. Policy Futures in Education 3（3）：243-250.

② Jickling, B. 2005. Sustainable Development in A Globalizing World: A Few Cautions. Policy Futurein Education3（3）：251-259.

期内是围绕着生态问题与科技的关系展开的。在对待科技的态度上，法兰克福学派的马尔库塞改变了前人的完全悲观的态度。他认为，正是技术的发展使资本主义有能力加强对人类社会和自然界的控制，他还认为，技术的发展会造成进一步的更大程度的集权以及世界格局的加速分化，科技发达的国家会得到对其他国家的控制权和威慑力，发达国家对核武器的占有就是最好的例证。另外，科技的发展使更多人的欲望得到满足，从而消除了人们在公共生活和个人生活以及社会需要和个人需要上的对立，延续了资本主义的发展寿命。资本主义环境下技术的发展创造出人类生活本不需要的虚假需求，人类对这种虚假需求的满足建立在对自然资源的破坏和剥夺的前提下，所以导致生态环境的崩溃。资本主义世界使人们甘愿接受技术的控制，整个社会的发展变成单向度的追求技术的发展，人类成为技术的奴隶。但马尔库塞认为，技术的负面效应只是暂时的，是资本主义发展的特定历史阶段造成的，其进一步发展会引领资本主义走向毁灭，而实现马克思的预言，他说，"发达的工业社会正接近这样一个阶段，即继续的进步将要求彻底破坏政治盛行的进步方向和组织"。① 所以技术的进步最终会带领人们实现对必然王国的超越。马尔库塞的学生莱斯和北美马克思主义代表人物阿格尔诺共同创建了生态马克思主义。莱斯认为，科学技术虽然造成了异化消费和人类的控制力的无节制增强，但这些负面影响的直接原因并不是技术发展本身造成的，而是资本主义环境下人们的控制观念造成的。资本的扩张和剥削本质使资本主义制度下的人的控制欲不断膨胀，而科技只是人们满足控制欲的工具。换句话说，科技的负面效应并非来自科技本身，而是来自人们对科技的不适当利用。所以，莱斯认为，只有从伦理道德上对人

---

① 〔美〕H. 马尔库塞：《单向度的人》，张峰、吕世平译，重庆出版社，1988，第 15 页。

的欲望加以控制，才能改善人类与自然的关系，放松人们对自然的控制，同时也放松人类社会内部的控制力。这种对科技的探讨虽然已深入观念领域，但脱离经济基础从意识上寻找解决问题的出路本身就违背了马克思主义基本精神，同时也是对资本主义批判的不彻底，是对资本主义制度的妥协。莱斯总结出，生态系统的有限性和资本主义生产能力的无限性是资本主义社会面临的新的重要矛盾，这一矛盾的发展最终导致生态危机。理查德·卡恩认为，对于那些从事生态教育学的学者而言，很有必要从一开始就针对当代科技扫盲项目所涉及的知识门类提出批判的问题：哪种实践方式可以最有效地传递这些知识，或者由这些知识所表现出来？还有，哪些体制方式的科技扫盲能够最好地发挥作用或者得到运用？西方学者们对生态文明教育的要求不仅是要提高受教育者的生态素养，还要求受教育者将生态思想、生态意识化作自己的潜意识和价值评价标准，合理应用于政治、经济、文化生态的各方面。

5. 关于生态文明教育方法的研究

国外有很多基于生态文明教育实践的方法研究，既存在普遍应用价值也能体现出明显的本土性特征。池田大作认为，可以利用宗教来发展和改善人的深层次意识；另外，当越来越多人做到内在和外在的人类革命时，人与人之间以及人与大自然的关系会变得和谐。这会为人类面临的问题，如环境污染、战争和天然资源枯竭等，提出有效的解决方法。阿妮塔·温登从解决教育、生态退化以及其他社会问题的角度阐释了生态文明教育的方法。① 乔治·史密斯在著作中指出，环境教育效果的实现应主要依靠文化的变革而不是科学分析和社会政策，要通过相互支持

---

① 〔日〕池田大作：《池田大作集》，何劲松编选，上海远东出版社，1997，第 177 页。

和社会教育来重塑儿童和成人的思维并肯定自足的价值。① 吉莉安·加德森认为，应利用学生的想象力来进行生态文明教育，将学生的想象力放到所有的教室里，使它成为学校教育的中心，从而使学生发挥潜能认清自己理想的社会和自然环境。②

国外关于生态教育方法的研究普遍体现出明显的以人为本、以教育对象为中心、注重实践教育的特征，已取得显著成效。

（三）研究现状评述

对国内外研究进行比较分析会发现，国内通识教育层面关于大学生生态文明教育的研究仅处于起步阶段。而国外关于生态文明教育的研究较国内深刻而全面，但其话语体系多与资本主义价值体系相适应，需要我们在批判的基础上进行理性提取。

国内已有的关于生态文明教育的研究，从内容上看多为自然观方面的研究，主要关注环境问题，多强调正确处理人与自然的关系，但对与生态文明社会建设相适应的民主制度建设、生态文化建设、社会和谐理念传播等问题少有涉及，割裂了生态文明教育与社会发展其他方面的联系，很难使生态文明教育的重要性、紧迫性得到充分彰显。总之，大学生生态文明教育的研究仅处于起步阶段，大学生的生态文明教育工作本身是一项长期而重要的工作，这方面的研究具有很大的发展空间。

从国外研究现状来看，国外关于生态文明教育的研究作为其隐性思想政治教育的一部分已得到近半世纪的持续性发展，成效显著。国外生

① Jean-Paul Hautecoeur. Ecological Education in Everyday Life：Alpha 2000.

② Gillian Judson. A New Approach to Ecological Education：Engaging Students' Imaginations in Their Word.

态文明教育研究注重人的情感、想象力、创造力的培养，而且多建立在正在进行的生态文明教育项目之上，更具感染力和说服力。另外，国外相关学者的研究力图将生态文明教育与社会政治、经济、文化发展结合，具有很强的革命性。但是，发达资本主义国家的生态文明教育研究是结合其自身发展需要进行的，重保护、轻发展甚至抑制发展，有些内容不适宜发展中国家借鉴。

第一章　强化大学生生态文明教育的客观基础

一　生态危机与生态文明教育

"对于人类来说，20 世纪是一个沉重的世纪，它见证了太多的杀戮、欺骗和谎言，也许诺了空前的财富、和平与进步。"① 工业文明赋予了人类先进的生存技能，也消融了其爱护自然的赤子之心。在获得梦寐以求的独立发展能力的同时，盲目的狂喜又使人类跌入各种形式的资源争夺战。伤痕累累的地球无奈地哀号着，试图用灾难来帮助我们界定发展的极限。

（一）世界性生态环境难题与现代发展观困境

环境问题随着人类改造自然能力的增强而出现，始于农业社会，在工业社会全面恶化。一直以来，生态环境与社会生产生活方式不断进行博弈，满足并限制着人类的发展需要，鞭策我们不懈探索规律，挖掘自

---

① 杨通进、高予远编《现代文明的生态转向》，重庆出版集团、重庆出版社，2007。

身的无限创造力。

农业革命作为现代人类的第一项革命性发明，使驯养动物和栽培植物成为可能，人类从而摆脱了依靠采集和狩猎为生的原始生存状态。农业革命对食物生产技术的普及提高了人类认识、改造自然的能力，改善了人们的生活条件，同时也极大地刺激了人口的增长，使得城市在耕地和草场周边快速形成。随着对自然界探索能力的增强，生活在公元1世纪前后的人类群体对不同生态环境的适应能力已大大提高，农业革命带来的人口膨胀使他们不得不通过探索更加广阔的生存空间或改造地表形态，来获得更加丰富的生产生活资料。但习惯了向自然索取的他们尚未经历过自然的反抗。据考古学家考证，古埃及文明、古希腊文明、古巴比伦文明等古文明的衰落多是砍伐森林、过度开垦等违背规律的农耕行为造成的。不科学的垦殖行为吸尽了原本富饶的两河流域、印度河流域、恒河流域的土壤肥力，造成大面积土地荒漠化，当时的人们对暴雨、洪水、干旱等极端天气失去了抵御能力。古巴比伦人为扩大耕地面积，大量砍伐原始森林，导致区域性生态环境失衡，盛极一时的"空中帝国"最终被早已虎视眈眈的亚述乘虚而入，至今，美索不达米亚平原上的很多地方仍是不毛之地。中华文明虽是唯一绵延至今的古文明，但农耕时期也出现了多次区域性文化破坏，历史上常见的大规模人口迁徙现象就是很好的例证。中国历史上，仅黄河流域就有过三次向淮河、长江流域迁徙的大规模"北人南迁"事件，而黄河中上游的大片农耕文明也随之被游牧文明替代，原本适宜耕种的土地硬是用来培植牧草，严重破坏土壤肥力和蓄水性，至今这一带的生态环境仍十分脆弱，即使是在农牧交错带的富水区周边山地也都土层稀薄、植被稀疏。

农业文明时期，人类改造自然的能力与工业革命后相比还十分有限，生态问题只出现在人口较为密集的少数区域。且环境恶化程度也相对较轻，多数生态问题都可以通过自然界的自净能力得到恢复。然而工业化生产方式产生后，"科学革命"带来了自然观的变革，自然界传统的母性形象被机械化、理性化的实用主义价值观逐渐抹杀。在处理与自然的关系时，人类逐渐把自己放在了支配地位上，而把自然摆到对立面。现代科学技术的发展极大增强了人类抵御自然灾害的能力，而二元对立的科技观助长了其试图征服自然，向自然无限索取的嚣张气焰。20世纪 50 年代至今已爆发两次大规模环境问题高潮，第一次在发达国家中普遍爆发，发达国家通过转移污染、调整结构等方式在本国范围内对其进行了很好的控制及改善；第二次主要发生在发展中国家，发展中国家作为发达国家污染转移的目的地，不仅需要努力协调好自身发展和保护环境的关系，还要承担发达国家在过去和现在的发展成本，陷入新的发展困境。2001 年，由联合国发起的为期 4 年的"千年生态系统评估"（Millennium Ecosystem Assessment，MA）项目对人类福祉与生态系统之间的相互关系进行了框架构建，对生态系统的服务性功能进行了系统展示，并在全球范围内对其现状进行评估。MA 设计了供给服务、调节服务、文化服务三大指标几十种小指标对生态系统的服务功能进行了概括，摆脱了人们以往对自然界短期经济价值的工具性认识。MA 的评估结果显示，目前自然生态系统正呈现"从渐变到剧变"的趋势，由于人类活动对生态系统各种阈值临界点的不断超越，生态系统的自我恢复能力已在降低，人类对自然资源的透支使用给生态系统带来了前所未有的巨大压力。例如，在中东和北非等地区，人类已透支使用了 20%的不可再生的地下水；20 世纪 80 年代以来，人类的捕鱼量因为之前的捕捞过度正逐渐下降，即使是内陆渔业的发展也呈现萎缩的趋势；仅在 20 世纪初的 20 年间，沿海地区养殖业和旅游业的发展对珊瑚礁、红树林等生长在热带地区潮间带的海洋生物生长环境造成极大破坏，有 1/3

以上的红树林都消失了，最终导致印度洋海啸的破坏力大大增强，而海岸线环境维护较好的地区明显受海啸影响较小。事实上，自古以来我们从改造自然中所得到的收益主要都是靠消耗自然资源实现的，一直以来，人类关注的只是自然的经济价值，而自然界的调节功能和文化服务等功能始终没有得到应有的重视。我们除了能从自然界获取食物、能源、淡水等资源，更需要自然界的调节功能提供舒适的生存环境，需要自然的审美功能满足精神生活需要。事实上，无论是孩子们对小动物的好奇，还是成年人对各种花卉的喜爱，无论是对新鲜空气的渴望还是对山水美景的向往，都是人性中亲近自然、欣赏自然的本能体现，是人的本性所在，而自然界对这些需要的满足是无法转化为实物并用货币来衡量的，因而新的文明形态建设是一种精神层面的、世界观层面的从机械走向有机的过程，是一种新的生态自然观的塑造过程，需要全人类的共同努力。

（二）中国的生态环境问题

近代中国经历的一系列战争，除了对延绵千年的传统文化造成了破坏，给人民精神世界带来极大创伤之外，给中国本土生态环境留下的疤痕也是难以平复的。新中国成立初期，为了尽快恢复发展生产，解决人民的温饱问题，国家制定了"鼓足干劲，力争上游，多快好省地建设社会主义"的总路线，在全国范围内开展"大跃进"运动、人民公社化运动。由于举国上下都被急于求成的浮躁氛围笼罩，人们在生产过程中产生了一些诸如毁林毁草开荒、滥杀野生动物的破坏生态平衡的行为。"文化大革命"期间，对知识的冷漠和践踏在将人类社会推入动乱的同时也不可避免地殃及自然界。在此期间，在"牧民不吃亏心粮""以粮为纲"等口号的影响下，大片草原被垦为耕地，湿地被排水后耕种，导致中西部地区大面积土地最终失去生产能力变为荒漠。

改革开放后，国家建设步入正轨，环境建设也开始走上法制化道路。近40年来，生产力的跨越式发展使中国得到全世界瞩目，据世界银行统计，20世纪90年代起，我国的年均经济增长率就已名列世界第一，2011年，我国已成为世界第二大经济实体，在国际社会扮演着越来越重要的角色。中国在改革开放后取得的发展成就创造了世界经济史上的奇迹，令人瞩目。但是在享受发展成果的同时，我们也面临着环境污染、资源枯竭的严峻挑战。近几年较突出的环境问题主要集中在以下几个方面。

1. 大气污染

近几年，北京每年的蓝天天数增多，有时湛蓝的天空仿佛要把人们的视野延伸到银河系外，浮动的一团团云彩好似触手可及。各种社交媒体时常被北京的蓝天覆盖，民众被雾霾压抑了多年的抑郁终于得以释放。但雾霾天气仍时常在北京发生，地方上的空气污染问题也有增无减，空气质量问题依旧是人们最关心的环境问题之一。

从沙尘暴到雾霾，空气污染问题一直困扰着华北地区居民的正常生活，威胁着公民的健康生存权益。2011年起，一些大中型城市居民自发对环境状况进行监测，针对PM2.5中的有毒有害物质进行测评，将原本在学术界就已争论十分激烈的污染物讨论带入公众视野，促成了2012年2月新的《环境空气质量标准》发布。按照新的标准，测量结果显示，环保重点城市达标比例仅为23.9%，京津冀、长三角、珠三角等重大区域中的地级以上城市的大气环境达标率为40.9%，比按照旧的《标准》进行测量的结果要低了50.5%。而实际上新的《环境空气质量标准》在国内有些NGO看来各项指标限定仍不够严格，也就是说实际的环境状况可能更加令人担忧。2013年冬季，"一场罕见的大雾霾笼罩了包括华北、东南沿海，甚至内地的一半国土"。① 当时的环保部数据显示，全国检测到的城市中有 104 个城市的空气质量为重度污染，浓重的雾霾从京津冀地区一直延伸到长江三角洲。

　　雾霾天气严重威胁着人的身体健康，早在 2013 年，国际癌症机构（IARC）发布的报告中就指出被污染的空气为"一类致癌物"；同年，新华网发文《社科院气象局发报告：雾霾会影响生殖能力》，文中指出，雾霾会对呼吸系统及心脏系统疾病恶化、肺功能改变产生不利影响，并且会改变人体的免疫结构，甚至弱化生殖能力。据统计，仅 2010 年中国因空气污染死亡人数就已达到 10 万人，而 2014 年这个数字已上升到 35 万~50 万。中国市场虽然让全世界的投资者垂涎，但大气污染让他们望而却步，很多好不容易引进的西方人才都承受不了恶劣的大气环境而辞职回国。引发雾霾天气的因素有很多，其中以煤为主的不合理的能源结构以及汽车尾气污染最受关注。有学者认为，我国大气污染的主要特征是煤烟型污染，污染源主要来自煤的过度燃烧和废气的直接排放，因而倡议由烧煤改为"烧气"，逐步降低对煤炭资源的依赖。在机动车管制方面，根据 2013 年发布的《大气污染防治行动计划》的要求，全国都在对不达标的旧车进行淘汰，并鼓励开发和购买新能源汽车。但就目前来讲，天然气的储量和开采利用技术远无法满足工业生产和人们生活的需要，而使用电池的新能源汽车在数十年后可能会带来废旧电池丢弃的问题，或许会给环境带来其他方面的更大压力。总之，我们现在面对的大气污染问题不是短期内形成的，也不可能在短期内得到彻底解决，正像生态环境部原部长陈吉宁所说的那样，污染物排放总量的大幅降低是可以做到的，但是"难度很大，需要我们付出

---

　　① 陈斌：《从今天起，学会忍受灰霾》，《南方周末》2013 年第 12 期。

额外的努力。"

2. **水污染与水资源短缺**

在众多挑战中国经济发展的问题中，水资源问题已成为最令人担忧的部分，虽然中国拥有的水资源总量排在世界第 5 位，但人均水资源占有量不足每人每年 2000 立方米，远低于每人每年 6200 立方米的世界平均水平。另外，水资源地区分布不均的问题自古以来困扰着中华民族，新中国成立初期，毛泽东同志就指出，我国南方的水太多，北方的水太少，要是能把水资源再分配一下就好了。持续了十几年的南水北调工程正致力于这一理想的实现。

近 10 年间，水污染问题也得到广泛关注，自 90 年代末至今，水污染的范围已从地表水延伸到地下水。2012 年公布的《中国环境状况公报》显示，我国"十大水系"中Ⅳ类、Ⅴ类和劣Ⅴ类水质占 31.3%，在监测的 198 个城市中，地下水水质较差和极差的共占 57.3%。水旱灾害和水污染问题严重威胁人们的生命安全和身体健康，根据中国疾病预防控制中心所做的报告《淮河流域水环境与消化道肿瘤死亡图集》可以看出，水污染与胃癌、肝癌等消化道相关癌症的发病有一定的联系，污染越严重，持续时间越长的地区，消化道肿瘤的死亡率越高，"空间分析结果显示，严重污染地区与新出现的几种消化道肿瘤高发区高度一致。"[1] 水污染严重地区的癌症发病率是其他地区的 3~10 倍。

自 2011 年起，党中央和国务院颁布了一系列水资源管理制度，主要河流和湖泊的水质状况也确实有所改善：2020 年全国水资源总量31605.2 亿立方米，比多年平均值偏多 14%，比 2019 年增长了 8.83%。2020 年中国地表水资源量 30407 亿立方米，相对于 2019 年上升了

---

① 刘鉴强：《中国环境发展报告》，社会科学文献出版社，2014。

8.62%；地下水资源量 8553.5 亿立方米，相对于 2019 年上升了 4.42%。地下水与地表水资源不重复量为 1198.2 亿立方米。2020 年全国供水总量和用水总量均为 5812.9 亿立方米，受新冠疫情、降水偏丰等因素影响，较 2019 年减少 208.3 亿立方米。其中，地表水源供水量 4792.3 亿立方米，地下水源供水量 892.5 亿立方米，其他水源供水量 128.1 亿立方米。虽然我国近年来水资源治理成效显著，但仍存在很多问题。首先，人均水资源匮乏，供需矛盾加剧。据有关统计，我国人均水资源占有量为 2200 立方米，而世界人口水资源平均占有率约为 9000 立方米，是世界上缺水国家之一。如今我国正处于严重缺水期，预计我国在 2030 年后人口增加到 16 亿人，水资源缺口量增加到 400 亿~600 亿立方米。随着社会不断地发展，我国工业用水、城市用水量持续增加，水资源供求矛盾愈加严重，已成为工业发展乃至社会发展的障碍。其次，污染问题严重。社会经济的快速发展，带来的是水资源严重污染问题。工业、农业污水排放量逐年增加，我国每年所排放的污水量为 600 亿吨，并且很多污水都是未经处理直接排放到江河中。我国有 8% 的河段污染严重，造成水质性缺水，减少了生活水资源总量。再次，由于人们对自然环境的保护意识不足，水力资源开发不合理，减少了湿地、天然湖泊面积，恶劣极端天气增加。最后，水资源利用率低、开发不合理，水资源分配不均等传统问题也没有得到明显改善。

3. 土壤污染

守住 18 亿亩耕地红线的战争尚未结束，拯救被污染耕地保护粮食安全的号角又不得不被吹响。2013 年 10 月国务院新闻办公室发布会透露，全国第二次土地调查数据显示我国耕地已有 5000 万亩受到中度、重度污染，大多不宜耕种。2021 年第三次全国国土调查显示，"二调"以来的 10 年间，全国耕地地类减少了 1.13 亿亩，耕地流向农用地中，有的破坏了耕作层，有的没有破坏。耕地净流向林地 1.12 亿亩，净流向园地 0.63 亿亩，虽然保住了 18 亿亩耕地红线，但绝不能掉以轻心。2022 年，将开启第三次全国土壤调查，切实摸清当前土壤污染情况。

就目前学者们的调查研究来看，我国耕地污染的主要原因是化肥过度使用和重金属污染。以山东寿光的蔬菜大棚为例，一亩地就施用底肥 5000 公斤，氮、磷、钾等微肥 10~15 公斤，叶面喷施的各种肥料加起来也有 50 公斤，是正常蔬菜生长所需施肥量的 4~10 倍。随着作物种植频率的加快和生长周期的减短，耕地自身肥力急速下降，如不改变耕作方式，依然大量使用化肥，几十年后，大面积耕地将失去生产能力。另外，工业"三废"的排放已使土壤中的重金属物质大幅超标，2014 年美国《移民与难民研究》杂志发表了一篇文章称来自中国大陆的移民血液中的镉、铅、汞等重金属含量均高于来自亚洲其他国家的移民，这些物质与土壤中的主要重金属污染物相一致。

此外，物种减少、林地草地退化、垃圾处理等问题也是国内的突出生态环境问题。想要彻底改善环境问题仅靠"头痛医头，脚痛医脚"是不可能实现的，需要的是新哲学推动下的文明形态转变、先进发展理念指导下的发展模式变革、顶层设计的科学指导以及终身教育作用下的公民综合素质的全面提升。

（三）生态文明教育的提出及意义

1. 生态文明教育的提出

随着媒体对全球生态问题关注程度的提升，生态文明教育已成为世界各国教育体系建设的流行趋势。生态文明教育最初提出时，旨在巩固人类与自然界的关系，维护生态稳定，教育责任主要由学校教育承担。

学校教育的历史可以分为古代教育和现代教育两个阶段，以 19 世纪的工业革命为界，而这一分界也同样适用于工业文明和农业文明。生态文明教育是产生于 20 世纪七八十年代的现代教育中的特色内容，它是把教育学的基本理论与生态环境恢复工作的实践相结合形成的一种创新型教育思潮。

生态文明教育是伴随其他形式的全球性环境工作产生的，美国生物学家蕾切尔·卡逊的《寂静的春天》是每本有关生态问题的专著都会提到的著作，它造成的轰动全面激发了国际社会对生态问题的关注。1972 年，联合国召开人类环境会议，发表了《人类环境宣言》，该宣言指出如果我们想使后代在较好的环境中过上符合需要的生活，那么就要具备比较充分的知识并采取比较明智的行动。该宣言中反复强调地球生态环境是一个普遍联系的整体，各国在消费资源时都应考虑到他人和后代的生存发展权利，发展中国家的环境问题不仅是发展中国家的事，其环境的恶化是对整个生态系统造成的破坏，关系全人类的福祉；各国应结合自身实际情况广泛开发并利用科学技术以缓和并解决环境问题；另外，本次大会特别提出必须对年轻人和成年人进行环境问题教育从而提高基层社会在保护和改善环境方面的工作效率。

1975 年，联合国教科文组织和环境规划署在塞尔维亚首都贝尔格莱德主持了第一届"国际环境教育研讨会"，有 60 多个国家的教育专家参加。1977 年联合国教科文组织和环境规划署在苏联的第比利斯主持召开了第比利斯会议，会议提出"教育必须培养人们对待环境和利用国家资源方面的正确态度"，要求在不同年龄、行业中全面开展环境教育，充分发挥大众传媒的作用，实现环境教育的终身性。环境教育要采取一种整体、全面的观点跨学科发展，这需要教育工作者和环境专家共同长期的努力来实现。环境教育的目标是实现人的环境道德、环境素养以及生态化生活能力的提高，从而使人人都有意愿和能力为生态环境的改善做出贡献。

就我国生态文明的起步和发展来看，1994 年 12 月，以"二十一世纪——环境教育之展望"为主题的国际环境教育研讨会在广州举行。近 200 名来自亚太地区的环境专家、教育专家、环境教育工作者齐聚羊城，就环境教育的定义、研究目标、不同阶层和不同年龄层次的教育特点、环境教育的课程设置等环境教育细节问题进行研讨。

20 世纪 90 年代初期，随着人们对环境问题探讨的深化，生态文明概念逐渐兴起。20 世纪 90 年代中期起，环境教育发展为生态教育，其研究领域逐渐从自然界延伸到人类社会，集中探讨两者各自的内部复杂联系和相互作用关系。1999 年，巴西的"保罗·弗莱雷中心"举办"从教育视角看地球宪章的国际会议"（International Meeting of the Earth Charter in the Education Vision），基本上一致肯定生态教育思想目标旨在发展"地球公民素质"和"生态素养"。虽然从 20 世纪 70 年代起全球范围内掀起了环境教育浪潮，但发展中国家的环境教育和生态教育仍多停留在理论层面，甚至理论层面的工作也做得不够完善，更是难以得到资金、技术支持以付诸实践。

2. 生态文明教育的意义

（1）生态文明教育是推动公民转变思维方式、提升发展需求、提高综合素质的需要。

实现人的全面发展，不仅要满足人们的物质需求，更重要的是提高人们的思想道德素质，培养和发展人与自然、与他人和谐共处的能力。1844 年，恩格斯在《社会主义从空想到科学的发展》中提出：在共产主义社会，人会成为自由的人，这体现在人终会成为自己的社会、自然界和自身的主人上面。可以看出，个人、社会以及自然的发展和解放是一个协同一致的过程，人的自由全面发展的实现需要三者相互协调推进完成。"全部人类历史的第一个前提无疑是有生命的个人的存在"，[①] 人与动物的区别在于人是具有"自然力、生命力"的能动的自然存在物，人们为了维持肉体组织的存活必须通过主观能动性的发挥与其他自然要素产生联系。因此，人类并不是完全受制、受控于自然的，而要通过对象性活动对自然资源进行利用，通过改变自然规律所依附的条件使环境向"唯我"的方向发展。生态文明教育旨在培养一种全面、联系、整体、协调的思维能力，将环境利益全面注入个体道德关怀，推动个体世界观、价值观的有机转向，突出活动对象主体性，使人与自然的协调一致成为个体活动的重要原则，从而为社会主义生态文明建设提供坚实可靠的群众基础和社会支撑力。生态文明教育对个人生态素养的提高、生态行为能力的增强、需求层次的提升、文化教育程度的提高都有重要影响，是实现人的全面发展的必需措施。高校生态文明教育理论体系的构建是生态文明教育工作得以全面开展的基本前提，是塑造和培育大学生生态素养的基础条件，同时也是当前时代背景下提高高校办学层次和办学水平的刚性需要。

（2）生态文明教育是教育改革适应"五位一体"战略布局的需要。

党的十八大报告中指出，要在中国共产党的领导下"建设社会主义市场经济、社会主义民主政治、社会主义先进文化、社会主义和谐社会、社会主义生态文明，促进人的全面发展"，实现"五位一体"建设中国特色社会主义的新格局。要成功建设社会主义生态文明，就必须实现人们生态素质和地球公民意识的提高。目前，我国公民的生态认知和践行能力还远未达到尊重自然、顺应自然、保护自然的生态文明建设要

---

① 《马克思恩格斯选集》（第一卷），人民出版社，1995，第 67 页。

求的水平，而生态理念的形成过程也正是个人综合素质和精神境界提高的过程，通过生态教育所建立起的主体性、全局性、联系性思维是帮助公民提高参政议政能力、遵守市场经济秩序、提高生活品位、营造互敬互爱社会氛围的有效工具。人对自然的解放也正是对自身的解放，生态文明建设的发展与其他四方面建设的发展是相辅相成的，目前生态文明建设和"五位一体"布局对公民生态素养的要求与公民生态素养实际水平之间还有一定差距，这与生态文明教育理论体系的缺失有很大关系，是我国生态教育面临的主要矛盾，需要靠理论体系的完善来解决。但多数民众表现出对建设生态文明和学习生态知识、参与生态保护活动、改变自身生活现状和社会发展现状的极高热情以及对生态教育的浓厚兴趣，证明当前正是生态教育发展的重要契机。

（3）生态文明教育全面普及"可持续发展"理念，从根本上解决生态环境问题的需要。

"人口多、底子薄、资源相对不足，环境承载能力有限"是我国的基本国情，而目前我国又处在工业化、信息化、市场化、国际化、城镇化高速发展的阶段，对资源的需求量更是空前巨大，废弃物的排放规模也令人震惊。生态危机的现实一再给人们敲响警钟，敦促我们摒弃以牺牲资源和环境为代价换取经济暂时繁荣的落后发展模式，构建人与自然和谐发展的可持续发展的社会，可持续发展道路要求在全社会倡导生态文明，实现经济发展和人口、资源、环境相协调，坚持走生产发展、生活富裕、生态良好的文明发展道路，保证一代接一代地可持续发展。面对严重的环境问题，我们需要改变粗放型的经济增长方式、调整以煤炭资源为主的能源结构和重化工工业结构、促进消费转型、控制好城市化步伐、改变对待自然的价值观，解决罗马俱乐部所谓的"世界问题复合体"问题。而这些问题的解决都需要人们具备较高的生态素质和改善生态环境的决心，需要进一步对人们的发展理念、生活态度、价值评价进行引导，丰富人们的生态知识，并使人们有明确的符合生态发展需要的行为准则。这些需要的满足全都离不开生态文明教育的发展和生态文明教育工作的开展。

（4）生态文明教育是养成生态关怀，提高人们建设社会主义和谐社会积极性的需要。

构建社会主义和谐社会，是我们党重要的治国方略和执政理念。社会主义和谐社会的 28 字要求明确展示出对和谐社会的要求除了人与人之间关系的和谐还包括人类社会与自然界的和谐。生态文明教育的主要任务正是丰富人们的生态认识，明确人与自然的关系、人在自然界中的位置、唤起人们的生态关怀、调动人们建设生态文明社会的积极性、提高生态文明建设能力。生态文明教育借用生态学的研究方法对人与自然关系、教育要素以及人类社会内部关系进行研究，是一种既注重联系又尊重个体需求和特征的教育方式。因此，生态文明教育的发展是推进社会主义和谐社会建设的客观要求，而生态文明教育理论体系的构建可以为和谐社会建设提供直观的理论依据。

（5）生态文明教育是应对"中国环境威胁论"，缓解国际环境压力的需要。

"中国环境威胁论"是继中国"粮食威胁论""军事威胁论""网络威胁论"之后在国际社会出现的一种新的中国威胁论。这种论调认为，中国生产力水平的快速提高、经济的高速增长会产生大量的资源能源需求和废物排放，由于世界自然环境是一个充满内在联系的整体，中国对资源的消耗会影响其他国家的资源使用，中国环境的恶化也会危害到全球生态环境。对于这种言论，一方面我们需要通过生态文明教育提高公民的辨识力，使国民了解本国和他国的环境实情，在国际生活中能够据理力争应对谣言；另一方面，我们也应让国际社会看到我们通过生态文明教育在解决环境问题上所做的努力，彰显我们负责任的大国形象。

二 生态文明教育融入思想政治教育的客观依据

（一）主客体的概念与内涵

1. 生态文明教育的概念与内涵

近年来，关于生态教育、环境教育、自然教育、可持续发展教育、生命教育等方面的研究如雨后春笋般蓬勃兴起，虽然这些研究都致力于使人类社会和自然界的福祉得到一致发展和同步提升，但其间仍有微妙且关键的区别。生态文明教育强调的是人类与自然界的共生关系，其教育内容和教育方法围绕着"人类是自然界不可分割的一部分"这一根本要义展开。目前学界还没有对生态文明教育的权威定义，但已有的定义都在集中强调生态文明教育对人与自然关系的探讨，本文把生态文明教育定义为：以协调人地关系为主旨的，借用生态学中系统性、整体性、联系性研究理念发展形成的，要求尊重活动对象主体性，关注当前需要与自身发展并思虑未来走向与人类权益的新型教育理念。生态文明教育既要讲授自然界的发展进程和特征，又要使学生们认识到事物之间的内在联系，所以对生态文明教育除了需要重视知识讲授外，更需要突出实践教育形式，只有得到最直接的自然体悟，学生才能深切感受生活环境，领会生态文明建设的人本主义性质，形成适应人类文明发展层次的崇高价值理念。

事物的整体性和广泛联系性是生态文明教育的最高聚焦点，展现着宏观思维的全局性魅力。但由于生态环境和人类社会形态的多样性，生态文明教育只能在特定的教育生态中进行，要结合不同的历史文化背景和生活场景展开才能真正深入人心，因此高效可行的生态文明教育应是具体而多样的。

谈到生态文明教育的内涵，离不开"生态理性""生态素养""生态意识"三个重要概念，它们在很大程度上构成了生态文明教育的思想内核和理论源泉。

"生态理性"从语义上理解主要有三个意思。第一，这一术语强调普遍联系，而未必与自然界直接相关，"生态"一词在这里的用法与"联系"是同义词，也就是说，具有生态理性的人是关注事物之间的普遍联系的，他们可以理解各种主体之间的互联性。第二，生态理性是指人们从环境和关系角度去理解世界的能力，它是人们对于自然界和人类社会互联性的认知。第三，生态理性往往用于描述生态科学方面的知识及其原则，在这一术语用于第三种意义时，人们在不同生态理念影响下会形成不同的生态理性。

虽然"生态理性"这一概念有多种应用，但所有用法都包含认知、情感、行为尺度等要素，有人认为，人们只有更多地了解自然界及其法则才能找准自己在自然界中的正确位置；只有亲身参与到自然活动中去才能真正建立起对自然的关怀，才能形成稳定的生态化生活习惯。当我们徜徉在美丽的大自然中，各种生命元素给我们带来的愉悦，会把对自然的崇敬和对地球的热爱逐渐融入我们的血液，自然而然地建立起与其他生物的亲密情感。

最早提出"生态素养"这一概念的是美国欧柏林学院的著名生态学家大卫·W. 奥尔。他将"生态素养"定义为：一种在博学、富有同情心以及较强实践能力的基础上形成的探索事物间关系的智力能力。

因而"生态素养"和"生态理性"在人的认知、情感和行为维度上的要求有所重合，但是，"生态素养"这一概念对个人素质的要求更高一些，而应用面较"生态理性"一词窄。

由于全球性生态危机愈演愈烈，人们在对生态问题的激烈探讨中，诞生了"生态意识"这一概念。"生态意识"的概念建立在一种全球性视域下，它以"人类是自然界中不可割舍的一部分"为信仰支撑，包罗万象，同样传达着普遍关怀。"生态意识"通常呈现人类行为在非人类环境中产生的映射，一个有生态意识的人会感到自身与其他生物之间的密切联系，我们对世界和自身的全部认识都来自客观存在，因而生态现实已明确展现出所有事物之间都存在奇妙的联系。"生态意识"所关注的认知、情感以及行为偏重于对非人类生物和自然界的对应范畴。

以上三个概念都与生态文明教育的内容和目标紧密相连，对他们的深入探讨和解释可以使我们更好地抓住生态文明教育概念的核心和关键要素。通过对以上三个概念的分析，可以很清晰地看出整体性、联系性和普遍关怀是生态文明的重要特征，而生态文明教育正是要颠覆工业文明环境下形成的孤立、冷漠、唯物质的机械思维和生活习惯，帮助人们建立起一种与生态文明社会相适应的系统性的思维能力，培养人与人之间以及人与自然之间的普遍宽容和广泛关爱，激活人们感情世界中对自然界固有的感性依恋，以审美的眼光审视自然、感受生活，从而为人类自身和其他物种共同创造一个更加健康、愉悦的生存发展环境。

2. 思想政治教育的概念与内涵

思想政治教育学科创建至今已历经 30 多个春秋，学科建设成果显著。据不完全统计，到 2013 年为止，以"思想政治教育"为题的专著已有 254 本之多，各类学术论文更是不计其数。由于思想政治教育学科的发展是个动态性过程，不同时期的学者对"思想政治教育"有着不同的理解，目前学术界对"思想政治教育"的定义也并未统一，但 2007 年出版的张耀灿和陈万柏主编的《思想政治教育学原理》中的定义已得到较广泛认同，认为思想政治教育是"社会或社会群体用一定的思想观念、政治观点、道德规范，对其成员施加有目的、有计划、有组织的影响，使他们形成符合一定社会所要求的思想品德的社会实践活动"。①

根据这一定义很容易推导出在学科建立之前，中国共产党就已形成严谨而独具特色的思想政治教育理论，并积极开展相关工作。有学者以改革开放为界将思想政治教育划分为传统思想政治教育和现代思想政治教育两个阶段，并认为思想政治教育的对象是人的思想，随着社会的分化，现代思想政治教育应具有开放性、多样性、民主性、互动性等特征，而传统思想政治教育的封闭性、单一性和高度集中的特征已无法满足社会转型背景下开展思想工作的需要，因此思想政治教育同样需要进行现代转型。也有学者指出，思想政治教育一贯以来都是服务于中国共产党的革命和建设的一门学科，作为马克思主义的教育宣传工具，它具有鲜明的政治性和阶级性，因而意识形态性是其不可被淡化的根本属性。持这类观点的学者还对理论界追求思想政治教育发展"多样化"与"丰富性"的论调进行了驳斥，认为应该从意识形态需要出发来深化对学科的理解、推动学科发展。

笔者认为，思想政治教育本质上是一项社会实践活动，其实践性决定了其连续的发展性，虽然思想政治教育不能脱离意识形态性，但也不

---

① 　陈万柏、张耀灿：《思想政治教育学原理》，高等教育出版社，2007，第 18 页。

可为维护其意识形态性而限制其发展、转型，这样恰恰违背了马克思主义交往实践理论精神。毫无疑问的是，思想政治教育的发展不能抛弃马克思主义根基，要坚持马克思主义方法论和基本原理，体现中国特色。在社会转型时期，思想政治教育作为一个相对独立的系统，需要通过调整自身内部生态来适应不断变化着的外部环境，现在，社会的分化已成既定事实，作为社会意识的思想政治教育需要接受、认识、适应这一事实，进行转型才能适应人们的精神需要，起到思想教育工作的效果。

虽然学术界对思想政治教育内涵问题仍有争议，但实践性、精神性、广泛性是其本质特点。

第一，思想政治教育的目标是帮助人们形成一定的思想品德，培养、提高人们的政治素养，是针对现实的、具体的人进行的教育改造行为，必须根据特定社会实践需要，通过各种方式和手段开展工作。思想政治教育重点关注的是人们的精神世界，但宣传、组织、服务、灌输等教育活动都是真实具体的社会实践活动，必须着手去做才能获得成效。而人们也只有在进行思想政治教育实践的过程中，才能准确把握受教育者的精神世界发展状况与社会发展对其要求之间的差距。从思想政治教育发展的角度来看，不同时期的思想政治教育代表不同阶级的立场，有着不同的话语体系，这由当时的社会实践发展水平决定，同时也受其限制。所以，实践是思想政治教育存在的基本形式，也是思想政治教育本身优化、发展的重要依据，脱离实践的思想政治教育是没有生命力的，其合法性也终将被质疑。

第二，思想政治教育以人的精神世界为实践活动客体，精神性是其另外一大特征。精神生活是人类特有的生活需要，精神空虚的人即使拥有丰盈的物质生活条件也仍旧难以体会到幸福。人的信仰、观念意识等精神生活习惯，很大程度上决定了其精神生活的质量。马克思在《〈黑格尔法哲学批判〉导言》中曾提道："理论一经掌握群众，也会变成物质力量。理论只要说服人，就能掌握群众；而理论只要彻底，就能说服人。"[①] 思想政治教育就是要抓住事物的根本，用彻底的理论来说服群众、掌握群众，通过对人们精神世界的丰富、改造来凝聚精神力量，并将其转化为物质力量。

第三，广泛性是目前得到普遍认可的思想政治教育的另一大特征。很多学者认为，有人的地方就有思想、就有精神生活，有精神生活的地方就一定会有思想政治教育，所以思想政治教育是普遍存在的。人的本质是一切社会关系的总和，社会性是人的基本属性，然而在社会生活中，利益分化必将带来分歧，作为和平处理分歧的有效手段，思想政治教育的存在是非常有必要的。"统治阶级的思想在每一时代都是占统治地位的思想。这就是说，一个阶级是社会上占统治地位的物质力量，同时也是社会上占统治地位的精神力量。"[②] 统治阶级想要使自己的精神理念得到其他阶级认可，获得精神领域的统治地位，必须借助一定的思想教育工作进行广泛游说。所以，在任何国家或社会都存在思想政治教育，只是维护的阶级利益不同，其内容与形式存在差异。

（二）二者方向上的统一性

生态文明教育与思想政治教育都是以促进人的自由全面发展为目标的教育实践活动，二者在很多方面具有统一性。

素养是一个人在社会生活中的具体思想行为表现，体现着主体的社会化程度和发展层次，具有相对稳定性。虽然先天条件和生长环境是影响素养的主要因素，但教育是后天活动中提高素质的最重要手段，生态

---

① 《马克思恩格斯选集》（第一卷），人民出版社，1995，第 75 页。
② 《马克思恩格斯选集》（第一卷），人民出版社，1995，第 98 页。

文明教育和思想政治教育都致力于人的综合素质的提高和科学思维方式的养成。

生态文明教育是以提高人的生态文明素养为目标进行的教育实践活动，生态文明素养是人们在认识自然、关爱自然的前提下逐步养成的平衡自身与环境发展之间关系的意愿和能力，它是每个个体作为地球公民的强烈环境责任感的体现。对人与自然关系的适当处理是良好生态文明素养的体现，所以，以人地关系为主要教育对象的生态文明教育必然要在认识自然、改造自然的对象性活动中进行。马克思在《资本论》中指出"如果完全抽象地考察劳动过程，那么，可以说，最初出现的只有两个因素——人和自然（劳动和劳动的自然物质）"。[①] 劳动作为实践的基本形式决定了实践是处理人与自然关系的活动，人们在改造客观世界的同时也同样改造着主观世界，在对人与自然关系的反思中形成自然观。生态文明教育是对人们自然观进行的塑造和改造，所以必然具有很强的实践性。

思想政治教育作为一项精神性的社会实践活动，普遍存在于阶级社会之中，以提高人的思想政治素质为工作目标。"思想政治素质包括个人思想品德修养、理想、信念、价值观念、政治立场与政治态度、伦理观念和法律意识等"[②]，是个人综合素质中不可或缺的部分，它对其他素质的发展起到导向性作用。思想政治教育具有阶级性特征，不同阶级的思想政治教育有不同立场，这些立场映射到受教育者的思想政治素养中，使受教育者明白怎样成为被社会认可的人，怎样做出受社会褒奖的事。

生态文明教育和思想政治教育都是以实践为基础的，力图提高人的

---

① 《马克思恩格斯全集》第 32 卷，人民出版社，第 109 页。

② 张耀灿：《现代思想政治教育学》，人民出版社，2006，第 36 页。

综合素质的教育活动。二者在不同的历史背景下、在阶级社会发展的不同阶段都有着不同的教育理念和教育内容，从不同的方面作用于人的思想和行为，帮助人们形成更加全面、平衡、公正、系统化的思维方式和生活方式。

（三）二者功能上的互补性

1.思想政治教育为社会主义制度下的生态文明教育指明方向

全球化与区域化是一个同步的过程，1972 年的第一次人类环境会议通过了《人类环境宣言》，环境问题成为全球化背景下人类共同的责任。三年后，在塞尔维亚首府贝尔格莱德举行的国际环境教育会议从区域化的视角揭示了生态文明教育本土化发展的重要性。所以，结合本国和特定区域的发展情况，制定科学的生态文明教育框架，从全球化视野来培养居民的生态素养是生态文明教育的发展方向。

教育者所秉承的自然观奠定了生态文明教育的基调。代表不同自然观的环境伦理理论可以被划分为 4 个流派：人类中心主义、动物权利论、生物中心主义和生态中心主义，其中后三个流派多被归为非人类中心主义。这些流派的区别在于主体在多大范围内将活动对象作为道德顾客，即哪些存在物有资格得到道德主体的道德待遇。虽然人类中心主义自然观在人类社会发展的不同阶段都有所呈现，但在资本主义社会中才得到最深刻的探讨和应用。人类中心主义认为除了人类之外的其他自然存在物是没有内在价值的，其存在意义就是为了满足人类发展需要，人类实施的环保行为也是为了保障自身种群的生存繁衍。与人类中心主义相对，非人类中心主义理论在发展过程中不断扩大道德顾客的范围——从动物到生物再到整个地球生态环境，非人类中心主义认为所有的自然存在物之间都存在普遍联系，而每个物种作为相对独立的个体都对生态环境有着特殊的意义，即内在价值，人类并不比其他存在物具有更高的道德地位和道德优越性，人类应将自我与自然融为一体，将关爱和认同的范围由自我扩大到他人，由人类扩大到整个生态系统，从而完成"自我实现"。

上述两种自然观是对人类发展历程中出现过的诸多自然观的系统归纳，也是发达国家生态文明教育的环境伦理基础。其中人类中心主义多用作政策、规划制定的价值依据，而非人类中心主义主要用于人的社会责任感的培养和自我约束力的提升。这两种自然观都较关注个体利益，与资本主义制度下的个人主义和自由主义价值观相适应，两种自然观所宣传的环保理念最终的落脚点都将经济发展与环境保护相对立，即将人类社会发展与自然环境发展相对立，倡导为保护环境放缓经济社会发展。这与发达国家的生产力发展水平也是相配套的，但明显不符合发展中国家的发展权益。另外，人类中心主义否认自然界的先在性和独立性，片面夸大人在生物圈中的主导地位；而非人类中心主义强调自然的自组织性，最终变成"自然神论"。二者本质上都是唯心主义自然观，与宗教文明相契合，但是与中国传统自然观以及马克思主义实践自然观是相悖的。上述两种自然观虽然在处理人与自然关系的问题上给了我们极大的启发，但终究不符合中国社会发展需要。

马克思主义自然观是在对前面两种自然观进行整合基础上形成的以人类实践为中心的自然观。它承认自然界的先在性、系统性和自组织性，这一点与非人类中心主义一致，但马克思主义对自然的自在性的承认，目的是为了人类对自然的改造而服务的，是为了更好地指导人与自然的对象化活动。即实践将人与自然相连，而"属人自然"才是对人类来说真正有价值的自然。马克思主义自然观承认其他存在物的内在价值，所以人类要尊重自然、认识自然，但人类自身的发展才是对人与自然关系进行探讨的目的，在人的价值体系中人必然具有较高的道德地位。而人类认识自然、顺应自然、合理实现自身发展目标的唯一中介就是以自然为对象的对象化活动即实践。

马克思主义自然观肯定了人类社会发展的必要性，也兼顾了其他自然存在物的生存发展权益，是符合我国目前的社会建设需要的自然观。另外，我国古代自然观将"天人合一"与"天人相分"并重，既强调人与自然的协调一致发展又指出了两者的相对独立性，要求人在发展生产时对自然有所作为，这与马克思主义自然观有异曲同工之处。

中国共产党的思想政治教育以马克思主义为指导思想，思想政治教育视野下的生态文明教育必然是以马克思主义自然观为哲学基础的生态文明教育，是以中国特色社会主义制度以及传统文化为支持的生态文明教育。思想政治教育为生态文明教育提供了方向，保证其与社会主义制度、与社会发展需要相适应，从而确保其对社会发展产生正向效果。

2. 思想政治教育为生态文明教育开辟了新的视野

思想政治教育以马克思主义为理论基础，坚持完整科学的马克思主义学科体系。将生态文明教育纳入思想政治教育视野可以赋予生态文明教育鲜明的环境伦理立场，从而保证其发展的稳定性。

第一，思想政治教育中始终贯穿着马克思主义辩证唯物主义和历史唯物主义的科学世界观，激发人们关注事物的两面性，建立起全面、发展的思维方式，这在本质上与生态文明教育的整体性、全局性理念是一致的，并且对其进行了补充和具体化。将生态文明教育纳入思想政治教育视野，就要用历史的眼光考察人与自然界的相互作用，从而形成普遍的尊重和关爱，而不是单一地站在自然的立场或人类的立场上对结果进行评判。例如 2014 年由"血铅儿童"引发的湖南镉大米事件，使湖南大米与镉画上了等号，某环保组织对湘江下游的醴陵市、株洲县等县市出产的 19 个稻米样本进行检测，发现镉含量超标率超过了 80%，其实水稻受到污染的主要原因是土壤受到重金属污染。这一事件被揭露后，公众的第一反应便是惊恐，要求关闭污染企业，停止矿产开发，甚至以此事件作为武器对政府执政能力进行质疑，将主要责任归咎于政府监管不力。可实际上，早在明朝万历年间，郴州三十六湾地区就已经开始开采有色金属了，废渣已经堆砌 400 多年，只是之前人们的知识体系相对薄弱，环境意识和主体意识不强，没有关注到它可能造成的后果，并不能因此来否定矿山开发的经济效益和政府的执政能力。所以，在生态问题上的激进态度是不利于社会和谐与经济发展的，更不能使问题真正得到改善，在社会主义生态文明社会建设背景下，我们应该坚持辩证唯物主义和历史唯物主义世界观，以历史的眼光考察问题产生的原因，才能理性制定和认识政策，走出盲目的愤怒和疑惑，得到坦然。

　　第二，思想政治教育坚持与物质利益相统一的原则。马克思曾指出：人的物质生活过程决定其头脑中发生的思想过程。[①] 综观人类历史不难发现，人的素质的高低往往反映在其需求层次上，而需求层次的高低总体来讲是与物质生活水平呈正比的，恩格尔系数便是对家庭或国家的贫富程度与人们的需求层次之间关系的量化。思想政治教育虽然以集体主义为基本价值观，但在不损害集体利益的前提下是坚持保障人们追求物质利益的权利的，鼓励人们通过自身对物质利益的追求实现社会财富的丰富。所以思想政治教育视野下的生态文明教育是鼓励发展的生态文明教育，它认为人类社会生产力的发展与自然环境发展是一个一致的过程，人们的物质生活得到满足后才会形成对生活环境的更高要求，才

———————

　　① 《马克思恩格斯选集》（第四卷），人民出版社，1995，第 254 页。

会有转变生活和生产方式，关爱、保护环境的意愿。

生态文明教育内容不够完善，方法不够丰富，教育实践活动不被重视是其存在的重要问题。如果生态文明教育活动可以依托一个既有平台来开展，其影响力将得到极大的改善。

孙其昂教授认为，我国现代思想政治教育始于 1919 年，在 1978 年经历了一次从以革命为中心到"以人为本"的转型。经历了近 100 年来的发展，思想政治教育已在全国范围内形成了一个成体系的、有层次的体制，其组织结构形式包括："领导决策机构、职能业务机构、群团组织、事业机构、行政工作系统、研究咨询机构"①。就高校来说，党委领导下的思想政治工作委员会、大学生思想政治教育领导小组、精神文明建设办公室、马克思主义学院或思政基础教研室都是开展思想政治教育工作的组织。所以，思想政治教育可以从社会、行业、单位三个层面给生态文明教育提供一个良好的宣传、管理、研究平台。另外，思想政治教育以一定的社会关系、社会结构、社会空间、社会制度、社会文化作为支撑，它在长期的发展完善中与这些支撑条件相互磨合、相互适应，已融入其中，成为重要元素。因而将生态文明教育纳入思想政治教育视野，可以使生态文明教育更好地适应社会现状，更有效地进行自我调节，从而找准自身发展方向。

3. 生态文明教育是对思想政治教育的补充和发展

将生态文明教育纳入思想政治教育视野是思想政治教育发展的内在要求。思想政治教育的发展旨在提高人的交往实践水平，使人在交往实践中得到全面、自由发展。马克思认为，"已成为桎梏的旧交往形式被适应于比较发达的生产力，因而也适应于进步的个人自主活动方式的新

---

① 田曼琦、白凯：《思想政治教育系统工程学》，人民出版社，1989，第 92~97 页。

交往形式所代替；新的交往形式又会成为桎梏，然后又为别的交往形式所代替。"① 工业文明社会中，人们的交往形式与工业化生产方式相适应，呈现极度的人类中心主义特征。在以人为中心的价值取向下，一切自然物都成为满足需要的原材料，作为人类发展的附属品被肆意消耗滥用。但随着生产力的发展，生态危机的产生揭示了工业文明的固有缺陷，生态环境发起的挑战激烈冲击着工业文明中的人类中心主义价值观及与之相适应的交往方式。生态危机的解决对人们的交往实践水平提出新的要求，从而给思想政治教育的创新性发展带来压力。生态文明要求扩大思想政治教育中多维双向互动理念，并将其应用于对其他自然存在物的对象性活动中，从长远视角看待人类社会与自然界以及人与人之间的关系。对大学生进行的生态文明教育是高校思想政治教育为应对新的社会问题所须进行的创新性发展，是在高级知识分子中建立与生态文明相适应的新型交往方式的重要环节。

将生态文明教育纳入思想政治教育视野是思想政治教育面向社会的需要。思想政治教育的前提和基础是必须服从一定社会政治、经济、文化发展的要求。而思想政治教育的方向和目标是必须超越社会客观条件，服务于社会的政治、经济、文化，促进社会的发展。党的十八大以来，我国进入"五位一体"建设中国特色社会主义新阶段，要求将可持续发展理念渗透到社会发展的方方面面，建立完整的生态文明制度体系，实行资源有偿使用和生态补偿制度，生态文明建设成为社会关注热点。大学生生态文明教育研究正迎合了当前思想政治教育面向社会的要求。另外，对大学生生态文明教育的研究要从马克思主义理论出发，深入挖掘马克思主义自然观、发展观，借鉴发达国家生态文明教育经验，

---

① 《马克思恩格斯选集》（第一卷），人民出版社，1995，第124页。

构建出与我国发展要求相适应的更具先进性、前瞻性的生态文明教育理论，实现思想政治教育面向社会的超越和服务性功能。

三　加强思想政治教育视野下大学生
生态文明教育的重要意义

（一）推动生态文明教育的本土化发展的重要途径

"20 世纪 70 年代到 90 年代，发达国家的生态文明教育出现了一段时期的繁荣，这一时期，生态文明教育理论初步建构起来，但 21 世纪以来，对生态文明教育的理论研究在全球范围内都出现被冷落和被边缘化的趋势。'从现今大学校园的主要趋势上看，环境研究经常由自然科学的院系开设并管理，很少涉及任何人文内容，显然更不会考虑有教育背景专业人士的意见。'"①② 就我国而言，生态文明教育起步较晚，其理论本身就存在缺乏系统性的问题，高等教育阶段的生态文明教育仅限于相关专业的课堂教育，多数学生接触不到，并且缺少系统的生态伦理教育基础，仅从相关自然现象和环境问题现象入手，总体来讲系统性不足，也比较少见实用性强的研究。思想政治教育视野下的生态文明教育会将马克思主义生态伦理思想贯穿于教育过程始终，将生态文明教育理论与目前我国的国情现状、教育制度、教材内容、教育政策等有机融合，"使生态文明教育理论在本身得到进一步完善的基础上自然融入整个

---

① 范梦：《论"五位一体"视域下的生态文明教育》，《湖北经济学院学报》（人文社会科学版）2015 年第 7 期。
② 〔美〕Richard Kahn：《批判教育学、生态扫盲与全球危机：生态教育学运动》，张亦默、李博译，高等教育出版社，2013，第 6 页。

高等教育系统中，成为大学生通识教育的有机组成部分"。①

"中国公民生活在中国特色社会主义制度下，接受马克思主义思想的指导、建设中国特色社会主义理论的影响和传统文化的熏陶，在学习和发展方面必然有自身独特的需求。因此，我们生态文明教育理论体系的构建要考虑到国民需要的特殊性，选择适合国情和公民认知能力的教育要素，从而提高我国生态文明教育的有效性。"② 生态文明教育理论本身就是生态文明建设理论的一部分，本土化的生态文明教育理论体系的构建是生态文明建设理论发展不可绕过的一个环节，生态文明教育理论承载着生态文明建设的重要性、历史必然性、思想基础等重要因素，也是将生态文明建设理论与人的素质联系到一起的桥梁，形成系统的生态文明教育理论体系才能使生态文明建设理论真正落到实处。

（二）丰富民主法治教育内容的必要手段

民主参与能力是大学生在校期间需要获得的必要能力，民主教育对大学生健全人格的培养、综合素质的提升有着重要意义，是思想政治教育的特色内容之一。"作为法兰克福学派代表人物，马尔库塞是生态教育学的创始人之一。在他看来，生态教育学并不仅仅是对传统教育内容的补充，而是一种在资本主义社会中彻底改造教育并支持受压迫者的生态学。马尔库塞试图通过生态文明教育在资本主义社会中找到帮助那些被政治边缘化的社会生活参与者的方法，以实现更加广泛的民主，并在

---

① 范梦：《论"五位一体"视域下的生态文明教育》，《湖北经济学院学报》（人文社会科学版）2015 年第 7 期。
② 范梦：《论"五位一体"视域下的生态文明教育》，《湖北经济学院学报》（人文社会科学版）2015 年第 7 期。

民主、自由、包容的社会环境中以可持续发展思想建立起人性化自然的未来社会。由此可见，生态教育所倡导的民主思想与中国特色社会主义民主政治建设理论有着深层次的一致目标。胡锦涛同志曾指出，中国特色社会主义政治发展道路'为实现最广泛的人民民主确立了正确方向'①，十八大报告中也提出，要'提高基层人大代表特别是一线工人、农民、知识分子代表比例，降低党政干部代表比例'。为基层民主制度的进一步落实奠定基础，是基层民主制度的全新拓展。目前来讲，部分人大代表提案质量偏低仍是民主政治建设需要解决的棘手问题，很多一线代表参政议政能力有限，提案缺乏调研论证，甚至只是简单敷衍，少见有针对性、实用性的建议。"② 政府职能的转型需要民众主体意识、维权意识、环境意识的普遍提升，人民民主的实现有赖民众素质的普遍提高，大学生作为未来国家建设的主力军，作为先进文化的继承人和传播者，其群体精神境界高度和综合素质发展层次可以勾勒出社会发展的前景，其精神面貌是时代的风向标和助推器，承载着公众的希望，培育着并影响着群众的社会主义自信。"教育是在大学生中建立直接、积极的政治责任的重要手段，可以使大学生根据自身特征自由发展自己的技能、价值观和民主个性。针对地球公民培养所建立的生态文明教育提倡生态民主意识的培养，它试图打破'人类'和'非人类''文化'和'自然'等概念的对立，尊重自然的主体性"③，呼唤同理心和慈悲情怀，摆脱商品经济带来的动物化，实现人的本体性回归。"生态民主意

---

① 胡锦涛：《坚定不移沿着中国特色社会主义道路前进为全面建成小康社会而奋斗》，人民出版社，2012。
② 范梦：《论"五位一体"视域下的生态文明教育》，《湖北经济学院学报》（人文社会科学版）2015年第7期。
③ 范梦：《论"五位一体"视域下的生态文明教育》，《湖北经济学院学报》（人文社会科学版）2015年第7期。

识是一种广泛的民主意识，它未必可以真正改变社会发展模式，但它对民主外延的扩大使民主更具亲和力，使生态文明教育在提高公民政治素养方面的作用进一步彰显。"① 总之，思想政治教育视野下的大学生生态文明教育将对社会主义民主政治教育在新的发展阶段下具体化、细化发展，对更广泛民主的建立有重要意义。

法律要求应是大学生行为体系的规则底线，法治意识应是大学生精神世界的边缘守护，法治教育始终是高校思想政治教育的重要课题。生态文明建设顶层设计业已形成，党的十八届四中全会明确提出要用严格的法律制度保护生态环境，生态立法和执法工作近三年来所取得的突破深受瞩目和认可。生态法治教育与思想政治教育的适应与结合是思想政治教育发展的内在需要，也是大学生适应社会主义生态法治建设的客观要求。

生态文明所内含的民主意识和法治精神与共产主义社会理想中的制度建设要求有着一致的价值基础，生态文明中的民主法治意识和要求将成为新鲜的养分，丰富思想政治教育内容，强化思想政治教育的感召力和亲和力。

（三）开辟思想道德教育新视角的时代要求

道德教育是思想政治教育的主要成分，高等人才培养的关键环节在于其思想道德修养的提升。生态道德是人处理自身与周边环境及其他自然存在物之间关系的道德规范体系，是生态思想和行为体系的价值基础。在生态文明备受推崇的今天，不同生态伦理流派之间的激烈探讨也正获得越来越多学生群体的关注。道德作为一种意识形态，必定受到社

---

① 范梦：《论"五位一体"视域下的生态文明教育》，《湖北经济学院学报》（人文社会科学版）2015 年第 7 期。

会文化和制度环境的制约，所以对生态道德的选择和培育也要以我国社会主义建设现状为出发点，科学构筑、合理借鉴。因地制宜地发展生态文明教育是联合国环境规划署对各国生态文明教育工作的基本要求，而社会主义生态伦理教育必定是对马克思主义生态伦理思想的坚守和对现有生态危机的针对，以实现对学生理性认知能力的培养目的。思想政治教育视野下的生态道德教育必须与社会主义建设基调相一致，与社会发展目标相协调，与大学生思想和心理接受过程相契合。

首先，生态道德教育顺应了时代对道德教育的新要求。在工业文明环境下形成的对立的、机械的、单向度的生态价值理念助长了人们对资源的浪费、对环境的剥削，伴随西方现代发展观而来的除了价值困境和文化反思还有肆虐的生态危机。想要在发展和环境中寻找平衡就必须溯矛盾之源至价值之根，以新的生态伦理引领社会建设发展。所以，将思想政治教育关怀延展到生态道德，是时代对思想政治教育提出的客观要求。

其次，生态道德教育开辟了思想政治教育的新视野，生态道德传递的对生命的尊重与热爱，是对差异的包容与扬弃，它在重点关注人与自然的协调的前提下又无声地映射着人类社会内部的和谐，既与传统思想道德教育诉求相一致，又扩展了其视野和思路。

（四）强化核心价值观教育效果的有力措施

"群体和社会的价值观总是在引导并制约着个体价值观的形成与发展"①，一个国家或社会的核心价值观是社会成员形成合理价值标准、做出科学价值评价的基本参照，是检验个体态度、情感是否符合社会发

---

① 罗国杰：《马克思主义价值观研究》，人民出版社，2013。

展要求的道德标尺。社会主义核心价值观教育正是帮助大学生明确目标、摆正态度、找准方向的指示器，是督促大学生确立"三个自信"、坚持"三个自觉"的基本前提，也是高校"立德树人"根本任务的时代展现。

生态文明和社会主义核心价值观在理念和要求上有着深刻联系和高度的一致性。从国家层面要求来看：自然生产力是社会生产力的基础，保护资源环境、实现人地协调是对自然生产力的保护，是实现可持续发展和国家富强的根本；生态文明关怀的是最广大人民的根本利益，它内含的包容、共享要求本身就为社会主义民主提供了价值支持；生态文明是关注人地关系的文明，是超越工业文明的更高层次的文明，在继承传统教育科学文化建设和思想道德建设的基础上扩大了社会主义精神文明建设的视野；人地和谐是生态文明的主旨，人与人、人与社会的和谐是生态文明将自然实现的目标，生态文明本身就是实现最广泛和谐的文明。从社会层面上看：尊重自然、遵循规律的自由才是能够保证人的长期存在和发展的自由，对自然界进行的违背规律的肆意破坏和掠夺终将受到自然的惩罚，从而限制人的自由发展甚至威胁人的生命安全；对生命和发展权益的尊重是生态文明的重要出发点，这与社会主义平等所倡导的平等参与和平等发展权益在理念上再次实现了高度一致；改善生态环境，使人民呼吸上清新的空气，喝上干净的水，就是最大的社会公平正义，所以，生态文明建设符合公正价值理念要求，而想要实现社会公正也必须实现生态环境的全面改善；污染治理、资源节约都离不开社会主义法治的保障，将生态文明推上法治轨道是确保生态文明建设长远有序开展的有力举措，也是完善社会主义法治建设的必经之路。从个人层面要求来看，对孕育我们历史文化的山河大地的热爱支撑着我们热爱祖国的朴实情感，保护生态环境就是爱国主义的真切表现；生态文明建设理想和目标的实现需要各行各业的尽职尽责、相互协调配合，而美丽的自然环境更会给人们营造良好的工作心境；生态文明在普遍联系和整体考量的宏观视野下凝练了返璞归真、共赢共享的价值导向和价值追求，这与诚信和友善的社会主义核心价值准则也有着鲜明的一致性。

第二章　大学生生态文明教育研究的理论基础和实践借鉴

　　不同阶级的生态文明教育理论建立在不同的理论基础之上，理论基础决定了理论的利益导向和发展方向，它像太阳引导向日葵花盘一样引领着理论的发展。但生态文明教育毕竟是一个较新鲜的领域，我国高校此前在这方面的精力和资本投入都十分有限，理论成果也较为单一。所以为避免少走弯路，适应生态文明教育的本土化发展需要，满足大学生个体的学习和发展要求，为生态文明建设输送理念先进、品德高尚、素质过硬的配套人才，大学生生态文明教育体系的构建必须要对人类历史上相关优秀理论成果和实践经验进行科学借鉴。

一　大学生生态文明教育研究的理论基础

　　马克思主义思想始终是思想政治教育的理论基础，所以思想政治教育视野下的生态文明教育必定是以马克思主义生态理念及中国共产党的生态文明建设理论为理论基础，以提升理论层次、确保理论的进步性和现实性。

（一）马克思主义环境理论

1. 人与自然的辩证关系

如前文所述，承认自然界的独立性和先在性是马克思主义生态伦理的重要特征，它要求人类活动以自然规律为限度，以自然为对象的生产实践要控制在自然再生力可以承受的范围之内。虽然自然界先于人类社会而存在，但人是其有机组成部分，有比其他存在物更高级、更独特的发展需要，如果自然可以被比作孕妇，那么人类就是她腹中的胎儿，需要从母体中吸收养分，但吸收得过多或过少都不利于自身和母体的健康。

马克思指出，从实践上来讲，人的肉体的持续生长和协调发展都离不开自然产品在衣、食、住、行方面所提供的物质资料。[①] 所以自然界是人类物质生活生产资料的基本来源，满足了人类肉体存活的基本需要。离开自然界，人类将难以生存。从理论上来讲，"植物、动物、石头、空气、光等等，一方面作为自然科学的对象，一方面作为艺术创作的对象，都是人的意识的一部分，是人的精神的无机界。"[②] 也就是说在提供物质生产资料的同时，自然界还为人们提供科学研究对象和精神生活资料，满足人类的精神生活需要。人作为自然存在物，其生存条件需要依附于自然界，而作为社会存在物，人在利用自然资源的同时，必须将自然变为自身活动的对象和工具，从而使自然界变成自己"无机的身体"。所以，人是自然界的一部分，人的肉体和精神与自然界的联系所反映的正是自然界与其自身的联系。

---

① 《马克思恩格斯选集》（第一卷），人民出版社，1995，第 67 页。
② 马克思：《1844 年经济学哲学手稿》，人民出版社，2008，第 56 页。

"全部人类历史的第一个前提无疑是有生命的个人的存在。"① 人与动物的区别在于人是具有"自然力、生命力"的能动的自然存在物，人们为了维持肉体组织的存活必须通过主观能动性的发挥与其他自然要素产生联系。因此，人类并不是完全受制、受控于自然的，而是通过对象性活动对自然资源进行利用，通过改变自然规律所依附的条件而使环境向"唯我"的方向发展。人类为满足自身发展需要，必须借助其特有的思维和意识，利用工具作用于自身外的现实对象（其他自然物），在作用中使自然界和人类自身都得到改造，这一过程即劳动，是使人从动物界中脱颖而出的"第一个历史行动"。所以，任何历史记载都必须从人对自然的改造或对象性活动出发，因为人类在改造自然和社会的同时也在改造着自身，正如恩格斯在《自然辩证法》中指出，人之所以会认识到自身和自然界的一致性，是因为我们在逐渐探析并理解着自然规律，并认识到外界干预对自然的改造效果。所以人们对环境进行变革的实践，最终会体现为环境的改变和人的活动的一致。

2. 马克思、恩格斯实践观中的生态思想

实践是人与自然辩证统一的基础，也是人与自然分化、对立的原因。实践观点是马克思主义理论体系的核心概念，对于研究方法的阐释，马克思表示，他没有从"概念"出发，也没有从"价值"概念出发，而是从社会实践、生产实践、科学实验这三大实践活动出发，人不是赋予他物以价值，而是通过实践创造价值。人类生存和发展的基础是以自然为对象的实践活动，是人类社会得以形成的前提，也是人类历史的发展动力。实践是个人维系生命活动的前提，这就决定了人类生活的普遍联系。"人只有在以自然为对象的实践中才能认识自然，掌握并运

---

① 《马克思恩格斯选集》（第一卷），人民出版社，1995，第 67 页。

用自然规律，以实现人与自然的和谐统一。"① 人的实践活动是利己性的，是按照人自身的尺度对自然进行的改造，其目的是从自然中获得满足发展需要的资源。"动物只生产自身，而人再生产整个自然界。"② 并依据自己所需要的尺度进行生产。人类为维持正常生活，必须从自然界获得感性资料，并对其进行理性加工，从而赋予自然界人的本质，形成人化自然，而整个现存感性世界的基础正是由这种创造和劳动生产构成的。马克思指出，人对自然界的改造活动，哪怕只中断一年，人们就能明显地感觉到自然界的巨大变化，并导致人类自身力量的消解。人类在实践中了解并利用自然，所以实践是人类作用于自然的基本途径。

马克思和恩格斯在研究中指出，虽然人们应尽可能地扩大自己实践对象的范围，但人类以自然界为对象的实践活动应控制在一定的范围之内。人类对自然的改造应顺应自然规律，而不能随心所欲、为所欲为，更不应沉醉于与自然对抗的短暂胜利之中，因为这种所谓的胜利看似实现了短期目标，解决了眼前问题，但不久之后便会给人类自身带来更加可怕的灾难。③ 300 多年的工业发展史中，这样的例子不胜枚举，从美索不达米亚森林的砍伐到欧洲马铃薯栽种的传播，人们都因破坏了生态平衡而得到教训。随着现代化建设步伐的加速，我国面临的生态问题也日益凸显，例如，雾霾天气越来越令人担忧。自然已向我们敲响警钟，应遵循生态效益大于短期经验利益的原则，将生态思维融入长期规划。

正是在认识自然、改造自然的过程中，人们相互联系、交互往来，形成了人类社会。因此，人与社会的关系是逻辑在先，而人与自然的关

---

① 薛莲、庞昌伟：《践行依法治国方略：推进生态文明建设的重要保障》，《学术交流》2015 年第 10 期。
② 马克思：《1844 年经济学哲学手稿》，人民出版社，2008，第 58 页。
③ 《马克思恩格斯选集》（第四卷），人民出版社，1995，第 383 页。

系是实际在先。自然作为人类社会先在的存在制约着人类社会的发展，更承担着人类社会发展的反作用力，自然界与人类的关系受到人类社会内部关系的影响，其自身发展方向与人类社会发展方向总体上相一致。"自然界的人的本质只有对社会的人来说才是存在的"①，自然界除了满足人类基本的生存需要外，更是人与人交往的纽带，对资源的占有和分配是人类交往的重要内容之一。人类社会内部矛盾与人地矛盾的一致性决定了不解决人类社会内部的矛盾问题，是没有办法解决人与自然的矛盾的。在工业化社会，人们不协调好社会内部人与人之间的利益关系，不对人们的开发行为进行约束，就会造成对自然资源的过度索取，从而造成资源枯竭、矛盾激化，使异化劳动引起人与人之间关系的异化，并导致人与自然关系的异化。"社会是人同自然界完成了的本质的统一。"② 自然界的解放与人类社会自身的解放是一个同步的过程，人类社会自身内部矛盾解决了，人与生态环境之间的矛盾也就相应解决了。所以要求我们在处理生态问题时要避免"头痛医头，脚痛医脚"的片面性做法，而要从宏观上分析问题，从大局着眼，从体制、政策上来协调人地关系。

3. 马克思、恩格斯科技观中的生态思想

马克思和恩格斯认为，要想解决生态环境问题，改革社会制度外的另一条途径是通过科学技术来减少对资源的消费，同时实现对生产排泄物的循环利用。"垃圾是放错了地方的资源"，马克思指出，某些行业的生产废料可以成为其他行业的原材料，而这种转变主要依托物理、化学等领域科技的发展，进而用煤焦油变为茜红染料举例。在化学发展给废物利用创造了无限可能的同时，机器的不断革新也对资源的节约和再

① 马克思：《1844 年经济学哲学手稿》，人民出版社，2008，第 83 页。
② 马克思：《1844 年经济学哲学手稿》，人民出版社，2008，第 83 页。

利用产生了颠覆性的推动。"从 1839 年到 1862 年，真正生丝的消费略为减少，而废丝的消费却增加了一倍。人们使用经过改良的机器，能够把这种本来几乎毫无价值的材料，制成有多种用途的丝织品。"① 而随着科技的发展和人们精神生活水平的提高，现代化社会更是实现了对机器及其零部件的回收利用，对塑料、纸制品的再加工，甚至尝试用垃圾制成艺术品。

在强调对生产排泄物进行加工、利用、再生产的同时，马克思和恩格斯更加重视对原始自然资源利用率的提高，以从根本上减少浪费。马克思在《资本论》中指出应尽可能地节约原材料并对生产后的肥料进行循环利用，从而将资源使用量和污染排放量都降到最低。而"后一种节约"的实现，除了要在机器的生产过程中尽量追求精确，提高机器本身的质量，更要依托科学技术的发展对机器的功能进行改良，从而提高原料和产品的质量，减少不必要的浪费。而无论对生产排泄物的利用，还是对原料使用的节约都离不开工人的经验，只有依靠劳动者的经验，科研人员才能知道哪些生产排泄物是可以进行循环利用的，以及在生产过程中哪些环节是可以进行原料节约的。在工业社会，人们对废物进行循环利用的动力主要来自生产资料价格的上涨，因此，促进循环经济的发展还是要以协调好人类社会内部的经济利益关系为前提，对资源的开采进行控制，并对其交易价格进行合理监管。

从人与自然的关系实践观再到科技观，在对待自然的态度上，马克思和恩格斯始终强调二者辩证统一的关系，强调自然的先在性以及自然规律的客观性，要求人类在认识规律、尊重规律的基础上对自然环境进行能动的改造，从而满足自身生存发展的需要。他们尖锐地斥责了资本

---

① 《马克思恩格斯全集》（第 25 卷），人民出版社，1972，第 118 页。

主义社会在发展过程中对生态环境的破坏，并创造性地提出通过社会制度的改革和科学技术的发展来合理利用自然资源。他们同时还指出人类社会与自然界发展方向的一致性，点明人类社会的解放与自然界的解放是同步的过程，人类社会内部矛盾解决了，人与生态环境之间的问题也就相应解决了。

（二）中国共产党对马克思主义生态思想的继承和发展

1. 中国共产党的生态文明思想对马克思主义生态思想的继承和发展

马克思主义自然观认为，自然界先于人类而存在，其运动和发展是不以人的意志为转移的。人类认识和改造自然的活动不能游离于规律之外肆意妄为。人的物质形式的存活必须依靠对象性活动与其他自然要素产生联系，而生态危机的根源正在于资本主义制度的不合理性割裂了种种联系，使人与自然、人与人都逐渐走向对立。

中国共产党的生态文明思想正是对这一认识的典型体现。毛泽东同志曾在考察时针对我国南方水多、北方水少的特点提出南水北调的设想，但对于南水北调工程，他也多次强调要在认真考察和深入的科学研究的基础上进行，一定要顺应规律，切不可肆意妄为，这正是对马克思主义生态思想的生动展现。1981 年四川特大水灾后，邓小平同志去四川考察，在考察过程中他告诫人们，宁可进口一些木材也要少砍些树，充分展现了其先进的自然观和保护生态环境的决心。江泽民同志也曾在《再造一个山川秀美的西北地区》中表示，对于恶劣的生态环境要靠我们发扬艰苦创业的精神，大力进行植树造林，发展生态农业，对自然环境的科学发展提出要求。胡锦涛同志也曾在首届亚太经合组织林业部长级会议上强调，要加强区域合作妥善处理发展和保护、产业和生态的关系，要充分合理利用森林资源，发挥森林在经济、社会、生态发展中的多种作用，从而在保护生物多样性、优化自然环境的同时促进绿色经济的发展。胡锦涛同志将生态文明的发展放到区域甚至全球视野下，体现了马克思辩证唯物主义从宏观视角整体性看问题的原则。

2012 年 11 月，党的十八大对生态文明建设做出了全面战略部署，谱写了建设美丽中国的绿色发展新篇章，社会主义生态文明建设工作大踏步向前迈进。习近平总书记借鉴全球生态治理经验，结合我国生态环境和经济社会发展实践，提出了科学的生态文明建设战略，逐步形成一套系统、全面的生态文明思想体系，完成了中国共产党对马克思主义生态思想的突破性发展。习近平生态文明思想首先继承了马克思自然界本身创造生产力的思想，强调要"尊重自然、顺应自然、保护自然"，从而以保护生态环境、改善生态环境的形式实现对生产力的根本保护和持久发展。习近平的生态文明思想真正将环境问题提升到文明高度，将自然与社会发展有机融合，从民生角度平实阐释生态文明建设意义。他指出"生态兴则文明兴，生态衰则文明衰"[①]，自然环境是对人类素质的映射，是对文明发展层次的展现，高度的文明必然建立在对自然规律的深层探索和巧妙顺应的基础上。他还曾提出"环境就是民生"[②]，并从森林资源和大气治理的角度对其进行论证，指出安全、美丽的生存环境是人民幸福的重要来源和根本保障，既点明了国民生存发展权益的最基本需要，又在坚持马克思主义以人为本原则基础上提出了新的价值导向和发展理念。

---

① 中共中央宣传部：《习近平总书记系列重要讲话读本》，学习出版社、人民出版社，2014，第 121 页。
② 孙秀艳、寇江泽、卞民德：《中央治理环境污染决心空前　代表委员期待政策措施落实》，《人民日报》2015 年 3 月 9 日。

　　马克思认为，物质资料生产是人类最基本的实践活动，物质资料生产方式制约着人类社会生活的全过程，是社会发展程度的重要标志。新中国成立之初，党的第一代领导集体就着力稳定国内外局势，对外实行独立自主的和平外交政策，对内进行三大改造，整顿各种不正之风，团结人民，统一思想，为和平发展创造良好的社会风气。在第一代领导集体的努力下，我党政权得到巩固，政局得到稳定，为生产力的恢复和起飞创造了良好条件。以邓小平同志为核心的党的第二代中央领导集体创造性地提出了改革开放政策和社会主义市场经济建设方针，重新强调马克思关于生产力发展的科学论断，指出社会主义的本质是解放生产力、发展生产力，我国经济社会发展开始步入现代化轨道。进入 21 世纪后，环境问题备受瞩目，受到绿色运动和全球化趋势影响，生态文明建设开始得到党和国家的进一步重视。江泽民同志在《保护环境，实施可持续发展战略》中提出要优化产业结构，转变经济增长方式，实现经济、社会和人的可持续发展。胡锦涛同志在强调物质生产处于首要地位的同时提出要发展循环经济、倡导低碳生活，建设人地协调发展的社会主义和谐社会。和谐社会构思和可持续发展思想都是对马克思主义生态观和发展观的辩证解读，也是对历史唯物主义、辩证唯物主义思想的创造性、科学化、合理化突破。

　　在处理生产和环境发展关系的问题上，党的十八大后的生态文明建设理论也得到创造性发展。2014 年，习近平在河南考察时提出"新常态"概念，随后明确了"新常态"发展要求下的经济增长方式的革新方向和要求，强调"新常态"经济不仅是增长的经济，更是要使人民幸福的经济，生态成本被纳入生产成本，生态效益成为衡量经济发展水平的重要指标。利行天下，始于爱民，唯 GDP 的增长方式并没有带来理想中的幸福感，在生态危机背景下，对环境问题的勇敢直面正是勤政爱民的最切实展现。2013年，习近平在十八届中央政治局常委会会议上就曾表达过对粗放型经济增长的担忧，他指出，增长给环境带来的压力最终还是会转移到百姓身上，到时候即使经济上去了，环境问题给人们带来的不满情绪也会成为新的发展隐患，所以处理好增长与环境的关系不仅是经济问题，也是很重要的政治问题。转变增长模式的决心是交给人民的答卷，是适应时代的突破性举措，更是对生态环境迟来的负责。

总之，中国共产党的生态文明建设理论是符合马克思主义基本精神的科学的价值观和方法论，是对马克思主义基本原理的创造性应用，是对中国特色社会主义建设道路的理性探索。

2. 中国共产党生态文明建设思想体系的自我延续和变革

中国共产党的生态文明思想是以解放生产力、发展生产力，实现人的全面发展目标为基础和导向逐步深化演变的。中国共产党坚持在尊重自然规律的基础上认识自然、利用自然，结合社会主义发展过程中的实际需要不断提出解决生态问题的途径和方法，而这些途径的开辟、方法的创新也正是在继承和扬弃中进行的。

中国共产党生态文明思想的继承性首先体现在平衡发展、协调发展方面。1959年，在庐山会议上，毛泽东同志在总结"大跃进"运动的教训时就曾提出综合平衡的问题，强调有了综合平衡才能有群众路线。在会议上，毛主席不仅强调了整个国民经济的发展要建立在综合平衡的基础上，还提出产业内部的发展也要追求平衡。这一思想体现了公平、全面、联系的先进发展理念，是符合马克思唯物辩证法的科学政策。我国实行改革开放以来，一系列环境保护相关法律政策颁布实施，法律和政策手段开始在社会的平稳运行、协调发展中发挥保障作用。在法制化建设要求下，1983年，第二次环境保护会议制订了环境保护工作的重要战略方针，提出"经济建设、城乡建设和环境建设要同步规划、同步实施、同步发展"，具体地、历史地发展了毛泽东同志平衡发展的思想。社会主义现代化建设新时期，江泽民同志明确提出了人口、资源、环境协调发展的方针并提出实施西部大开发战略，追求城乡之间、地区之间发展的协同性，优化旧的产业结构等构思。在可持续发展思想的指导下，中央发布了《国家重点生态功能保护区规划纲要》《全国生态环境保护纲要》等环境保护相关文件，进一步完善环境政策，提出了"统筹规划，分步实施；高度重视，精心组织；保护优先，限制开发；避免重复，互为补充"等环境建设原则，保障环境工作有序进行。"十一五""十二五"期间，在新的要求下，《关于推进大气污染联防联控工作改善区域空气质量的指导意见》《国务院关于加强环境保护重点工作的意见》等新的环境政策也相继出台，坚持环境保护与经济发展、提高监管、解决突出、改创体制机制、属地管理与区域联动、先行先试与整体推进相结合等新的发展原则被提出，从政策上为生态文明建设提供了保障。

党的十八大后，平衡发展和协调发展的思想开始得到制度和法律支撑，从构思和口号逐渐步入现实。近三年来，我国生态文明制度建设取得了有目共睹的突出成就，党的十八届三中全会从产权制度和用途管制制度、生态保护红线、生态补偿制度和生态环境保护管理体制四个方面构筑了生态文明制度建设框架，随后，生态文明制度建设全面铺开，全方位保障人地平衡、权利平衡、责任平衡。"十三五"规划纲要中以主体功能区建设规划的形式，从空间上对平衡协调发展做出具体部署要求，对平衡、协调发展的生态思想进行了进一步落实。生态文明制度建设给监管者带来了权力的约束和支持，给人民带来了权利的保护和落实。

另外，中国共产党生态文明思想的传承性还体现在节约和循环利用方面。毛泽东同志多次在讲话中强调要在干部和人民群众中树立节约意识，要学会过日子，增产节约。他还曾在考察时指出，有些行业的生产废料是可以作为其他行业的原材料的，因此要注意废物的回收利用，从而节约资源和能源，这正是发展循环经济、转变经济增长方式理论的最初形态。1973 年，第一次全国环境保护会议在北京召开，标志着环境保护事业被纳入国家治理的视域。改革开放时期，邓小平同志提出将工作重心放到经济建设上来，在着力发展生产的同时指出，不能把经济发展的成果通通分掉，不能浪费，要让人民认识到生活只能逐步改善，只追求物质享受会剥夺以后发展的希望，可持续发展思想初见端倪。在改革开放的新政策指导下，1978 年的《环境保护工作汇报要点》中，国务院环境保护领导小组就指出，绝不能走先污染后治理的道路，要协调好经济发展和环境建设的关系。1992 年起，世界进入可持续发展阶段，江泽民同志要求人们做到克勤克俭、励精图治。在《中国 21 世纪议程》中要求对水、土等自然资源的保护与可持续利用，并要求对生物多样性进行保护，资源的节约和高效利用问题占到十分重要的位置。2005 年，胡锦涛同志在中央工作会议上的讲话中指出，要倡导健康文明的消费模式，增强节约意识，"在全社会形成节约能源资源、保护环境的良好风尚。"使节约能源成为全社会的自觉行动。胡锦涛同志再次在生产和消费领域共同强调了节约意识的重要性，把党的艰苦奋斗、厉行节约的思想赋予了时代特征。

　　习近平的生态文明思想中也包含着丰富的节约、循环理念，并针对粗放型生产现状以制度建设的形式不断对其进行强化。被群众津津乐道的"两山"理念就是其节约思想的生动表述，与金山银山的短期经济效益相比，青山绿水孕育着无限生机，是劳动的自然生产力，是不可估量的巨大财富，青山绿水就是金山银山。实际上，习近平的资源节约思想早在 20 世纪 80 年代就已初见端倪，在河北正定县工作期间，他就强调，要治理开发利用资源，保持生态平衡。① 中国共产党始终坚守着保护环境、节约资源的立场，近几年一系列政策规定的出台更体现了党保护资源、保护生产力的决心。以"依法治国"为主题的党的十八届四中全会提出要"用严格的法律制度保护生态环境"，以更高的违法成本来保护各类资源。"十三五"规划纲要中更是用完整的一章对资源节约集约利用进行规划要求，不仅在对能源资源、水资源、矿产资源、土地资源的节约利用上提出了节约保护要求和方向，并从循环经济发展、资源高效利用机制、新型生活方式倡导等方面点明资源利用问题，并在新的价值导向和发展理念下提出可行措施。

3. 生态文明建设领域和建设手段的延伸

生态文明建设领域主要分为社区生态文明建设、地区生态文明建设、区域生态文明建设、国家生态文明建设以及全球生态文明建设。生态文明建设的手段主要包括生态文明建设投资、生态文明建设科技、生态文明制度创新、生态文明科学规划以及生态文明意识导向。我国生态文明建设理论的覆盖范围从区域和国家生态文明建设发展到全球生态文明建设。而我国生态文明建设手段也从生态文明建设投资、生态文明建设科技向生态文明意识导向发展。

以毛泽东同志和邓小平同志为核心的党的第一、第二代中央领导集体的生态思想把主要注意力放在区域和国家的生态文明建设上，多强调生态环境的恢复、病虫害的防治以及自然灾害的治理等，对生态环境进行保护的目的也主要是促进生产的发展。比如，1952 年，毛主席在视

---

① 段蕾、康沛竹：《走向社会主义生态文明新时代——论习近平生态文明思想的背景、内涵与意义》，《科学社会主义》2016 年第 2 期，第 128 页。

察黄河时就指出三门峡水库的修建是为了解决黄河的水患问题，他还在多种场合多次强调促进农业的发展关键是要发展水利。虽然这一时期，毛泽东在生态环境保护方面也经常指出要借鉴苏联的经验，引进西方国家的先进技术，但经验借鉴和技术引进的目的都是解决国内生态环境发展方面的问题，并没有形成国际化视野，把全球生态环境看作有机联系的整体。邓小平同志在生态环境建设方面已经形成了经济、政治、文化、社会、生态可持续发展的思想，但在生态环境建设方面依旧主要关注国内生态环境的恢复，比如在植树造林问题上，他就曾表示要通过先种草后种树的方式改善黄土高原环境。扩大绿化面积，建设草原和牧区，从而实现人民生活水平和生态环境的共同改善。这一时期的生态建设思想多是与经济和社会发展相结合，以经济利益来调动和刺激人们建设生态环境的积极性。

随着对外开放的进一步扩大，中国加入世贸组织后，此时，以江泽民同志为核心的党中央开始注意生态环境思想发展与国际接轨，1998年，我国签署《京都议定书》，1996年批准《联合国海洋法公约》，同年批准《联合国防治荒漠化公约》，此后又陆续签署或批准各种国际生态保护公约，并在国内相继推广执行。在可持续发展方面，江泽民同志指出对于中国这样一个人口大国，可持续发展问题有着特殊的紧迫性，它是人类社会未来的发展方向和潮流，已经得到国际上的广泛关注。他还明确表示"人类共同生存的地球和共同拥有的天空，是不可分割的整体，保护地球，需要各国的共同行动"。把生态环境建设的发展放到全球视域下，提升到人类社会的高度，充分彰显大国责任感。胡锦涛同志也在十八大报告中指出，生态文明的发展要"坚持共同但有区别的责任原则、公平原则、各自能力原则，同国际社会一道积极应对全球气候变化"。继承并巩固了对于生态环境建设要加强国际合作，并承担有差别的国际责任的原则。

在生态文明建设手段方面，党的第一代中央领导集体主要依靠的是生态文明建设投资和生态文明建设科技，督促人民依靠资金和科学技术的发展来解决某些具体工程的建设问题，在修建水利工程方面毛泽东同志就曾表示要治理污染严重的河流，国家要承担起兴修水利和保持水土的责任，修建大型水利工程，补贴小型水利工程。在长江三峡工程建设方面，毛泽东同志曾多次强调要多跟相关专业的科研人员进行交流探讨，加强建设中对重点难点问题的攻关。到党的第二代中央领导集体，其生态文明建设手段就已经涉及生态文明建设制度创新和科学规划了，从邓小平同志的领导开始，我国的生态文明建设走上了规范化、法制化道路，各生态领域的保护性法律法规相继颁布，生态建设工作有序展开。党的第三代中央领导集体继承并发展了第一、第二代中央领导集体可持续发展的思想，把可持续发展提高到战略高度，并提出建设资源节约型、环境友好型社会，开始从各方面对生态文明建设进行科学规划。以胡锦涛同志为核心的党中央将生态文明建设扩展到意识导向上，提出科学发展观，并在全社会范围内展开科学发展观教育，引导和督促人们从价值观上进行转变，不仅追求人与自然的平衡发展，还要把和谐发展的思想应用到人与人之间关系的协调上，构建社会主义和谐社会。

砥砺奋进，继往开来，在科学发展观的指引下，以习近平同志为核心的党中央将社会主义核心价值观与生态文明建设理念相互熔铸，使生态文明建设在建设领域和手段上都得到大幅延伸和扩展。党的十八大以来，我国生态文明建设领域和手段的延伸主要体现在制度建设上，形成了生态文明建设的顶层设计。由于受到初始制度机制的影响，我国生态文明制度建设中始终存在路径依赖，"生态文明制度难以有效地制定和执行，其导致制度实施的弱化和缺位，无法有效地解决生态环境问题。"① 十八届三中全会报告中要求健全资源节约利用、生态环境保护的体制机制，2014年4月第十二届全国人大常务委员会第八次会议便通过了新的《中华人民共和国环境保护法》，实现了生态立法的新突破。"十八届四中全会要求用严格的法律制度保护生态环境。十八届五中全会审议通过'十三五'规划建议，中共中央、国务院出台《关于加快推进生态文明建设的意见》《生态文明体制改革总体方案》，共同形成今后相当一段时期中央关于生态文明建设的长远部署和制度构架。"②

责任追究制度是生态文明制度建设取得效益的基本保障。习近平提出"对那些不顾生态环境盲目决策、造成严重后果的人，必须追究其责任，而且应该终身追究。"然而，追责制的前提是有健全的自然资源资产产权制度和用途管制制度，而目前我国资源的代理和使用仍广泛存在权责不明、归属不清等情况。在今后的相关制度建设过程中，要进一步明确归属、划分权责，明确各区域资源的代理机构，建立起相应的自然资源资产评价和核算制度。明确自然资源资产的有偿使用标准和原则，把自然资源资产的管理与各个行政部门其他职能相分离，促使其形成独立、完整的制度体系。

实行资源有偿使用制度和生态补偿制度也是生态文明制度建设的关键内容。习近平在十八届三中全会《中共中央关于全面深化改革若干重大问题的决定》中明确提出，"坚持谁受益、谁补偿原则，完善对重

---

① 李仙娥、郝奇华：《生态文明制度建设的路径依赖及其破解路径》，《生态经济》2015年第4期，第166页。

② 中共环境保护部党组：《构建人与自然和谐发展的现代化建设新格局——党的十八大以来生态文明建设的理论与实践》，《环境经济》2016年第Z4期。

点生态功能区的生态补偿机制，推动地区间建立横向生态补偿制度。发展环保市场，推行节能量、碳排放权、排污权、水权交易制度，建立吸引社会资本投入生态环境保护的市场化机制，推行环境污染第三方治理"。目前，我们已建立起自然资源有偿使用制度，但存在很多问题。第一，很多资源还未被纳入有偿使用范围，很多领域的补偿制度尚未建立起来。第二，目前很多资源的定价仍由政府控制，与市场脱节，定价过低，定价无法有效反映出市场供求和生态成本。第三，与补偿制度相关的排污、节能方面的制度不健全，不能给补偿制度的完善提供相应参考。所以，在补偿制度的建立方面，政府应在定价上放权，尊重市场调节，加强对市场的监管，加快补偿制度及相关制度的健全、完善。

从生态文明作为独立一维被纳入中国特色社会主义建设伊始，党的生态文明建设工作从理论到实践都在不断冲破阻力、攻坚克难、协调推进。在改革攻坚阶段，党和国家在生态文明建设上表现出来的坚定决心和强大动力源于对人民切身利益的极大关切，是对发展综合问题与尖锐生态危机的勇敢直面，更是负责任大国形象的再次生动展现。

（三）中国古代传统文化中的生态文明思想

泱泱华夏，五千春秋，炎黄子孙以独特的智慧在历史的长河中缔造了灿烂丰富的中华文明。先贤们对自然的崇敬以及对人与自然关系的理性分析也已成为中国共产党生态文明思想的渊源之一。

1. 尊重自然界内在价值

自先秦诸子百家起，我国古代思想家的学说多在宣讲治国、安邦、修身之道，而国泰民安的根本在于解决温饱问题，在农业文明时期，先哲们多从顺应自然、关爱自然、尊重自然内在价值的角度来阐释自己的修身治国之道。

传统自然观向来强调自然界的先在性、客观性、独立性，尤其看重其内在价值。所谓内在价值是指一种非工具性的价值。是指事物因其自身而存在，而不是作为其他事物完成目的的工具性存在。生态学家奈斯指出："地球上的非人类生命的美拥有自在的价值。这种价值独立于它对人类的有限目的的工具意义上的有用性。"①

我国古代思想家们也都在自己的著作中表达过尊重自然内在价值的思想。孔子说："天何言哉？四时行焉，百物生焉，天何言哉？"② 意思是说自然界虽不言不语，一年四季却运行不息，世间万物也生生不已，这种默然的存在是不以任何人的意志为转移的。子贡在反驳叔孙武叔对仲尼的诋毁时也以日月为例说："人虽欲自绝，其何伤于日月乎？多见其不知量也。"③ 在子贡看来，人类自身的损益对自然界来讲是没有任何影响的，日月星辰的运行不会因为人们的极端行为而有任何变化，人类在自然面前是微小的。荀子作为先秦思想的集大成者更是在《天论》中明确指出："天行有常，不为尧存，不为桀亡。应之以治则吉，应之以乱则凶。"④ 自然界的运行有其自身内在的规律，即使是世间再伟大的英雄也无从改变，如果顺应其规律，人类就会有所发展，如果违背规律，就会遭殃。而后他又进一步具体说明："天不为人之恶寒也辍冬，地不为人之恶辽远也辍广……天有常道矣，地有常数矣"⑤，既然天地不会因人的喜好而改变自身规律，那么人也应依照自己的原则来做事。

---

① Arne Naess, "A Defence of the Deep Ecology Movement", *Environmental Ethics* (Fall 1984).
② 黄克剑：《〈论语〉解读》，中国人民大学出版社，2008，第 386 页。
③ 黄克剑：《〈论语〉解读》，中国人民大学出版社，2008，第 423 页。
④ 荀况：《荀子》，当代世界出版社，2007，第 109 页。
⑤ 荀况：《荀子》，当代世界出版社，2007，第 111 页。

道家学说以中庸、无为、善柔为特点，更是强调自然界的独立性和先在性。老子说："道可道，非常道；名可名，非常名。无名，天地之始，有名，万物之母。"① 老子把自然法则的玄妙程度视作高于人类语言表达能力的范畴，认为世间万物都源于规律、源于自然，都有一个产生、强大、衰落、此消彼长的过程，而事物运行的具体规律是人类难以参透的。"他进而又说：'故道大，天大，地大，王亦大。域中有四大，而王居其一焉。人法地，地法天，天法道，道法自然。'② 意思是说世间伟大的东西有四种，而君王仅排第四，人取法于地，地取法于天，天取法于自然，自然才是万事万物的根本尺度。道家的另一代表人物庄子更是以其'万物一齐'的思想为核心要求人们尊重世间万物。所谓'万物一齐'是指万物都是通而为一的，都会遵照其自身的存在和发展的规律经历'生、老、病、死'的过程，最终于毁灭后成为一体，无所差别。因此，庄子认为，那些试图把一己成见假托给客观事物而不愿顺应规律的人最终只是在做无用功；而真正有智慧的人会广博、豁达地生活在均衡而又自然的境界里，不强求、不急躁，从容地接受和应对身边的事物，因为他们早已领悟到万物终将归为一体，以平和的心态应对生活才最有益自己身心的健康。"③ 他在《齐物论》中对天籁的描述是"夫吹万不同，而使其自己也，咸其自取，怒者其谁耶？"④ 天籁虽然有万般不同，但使它们发生和停息的都是自身，没有任何事物可以操控。所以世界是浑然一体的，万物终将殊途同归。

佛教于东汉时期传入我国，魏晋南北朝时期得到广泛传播和发展，

---

① 老聃：《老子·庄子》，北京出版社，2006，第 8 页。
② 老聃：《老子·庄子》，北京出版社，2006，第 57 页。
③ 范梦：《庄子的隐逸思想与当代人的舒压》，《湖北经济学院学报》（人文社会科学版）2013 年第 7 期。
④ （清）郭庆藩撰《庄子集释》，中华书局，2012，第 43 页。

到唐朝武则天时期达到鼎盛。佛教在中国 2000 多年的发展过程中对中国传统文化的发展产生重要影响，是传统文化的重要组成部分。佛教主要从众生平等的角度来教化人们关爱世间万物。《金刚经》记载："是法平等，无有高下。"① 平等是指法的平等，能体悟到世间万物没有高下，各类信徒根器不一样，所修的法也不应相同，只要按自身需要来修行即使草木也可修成正果。《坛经》有云："譬如雨水，不从无有，元是龙能兴致，令一切众生，一切草木，有情无情，悉皆蒙润，百川众流，却入大海，合为一体。众生本性般若之智，亦复如是。"② 是指众生本身都有各自不同的智慧，而且都在冥冥之中自发地用自己的智慧观察一切，并发挥着自己的作用，从而达到自然的平衡，所以万物的存在都有其自身固有的价值。

中国古代思想家们对自然的崇敬在其著作中屡见不鲜，他们深知尊重自然规律的重要性，也因此维持了我国农业文明几千年的漫长历史。工业革命使人类踏上了文明的新大陆，人对自然的探索力、改造力甚至抵抗力都得到空前的加强，自负和金本位的价值理念带来了资源掠夺和环境污染，使人类从物质到文化都走向新的荒漠。因此，对自然环境内在价值的高度认同是中国传统文化的智慧闪现，对生态文明的发展有着颇具时效性的借鉴意义。

2. "天人合一"思想

"天人合一"贯穿于我国传统文化发展始终，在先秦时代尤被推崇。"天人合一"的内涵归根结底还是在于人与自然之间关系的协调一

---

① 释迦牟尼：《金刚经·心经·坛经·地藏经》，吉林出版集团有限责任公司，2011，第8页。

② 释迦牟尼：《金刚经·心经·坛经·地藏经》，吉林出版集团有限责任公司，2011，第76页。

致，在于人类社会和自然界的相互依存、相互融合。"天人合一"思想起源于周易，传说中伏羲氏作八卦，八卦中的各卦都是不同的卦体，每个卦体由三个线段组成，每个线段都有一个象征意义：上象征天，下象征地，中间象征人，称为天、地、人"三才"。"天人合一"思想被我国古代多数思想家所推崇和发展，是我国传统生态思想的重要内容。

儒家"仁"的思想就包含着"天人合一"的内涵，子曰："里仁为美。择不处仁，焉得知？"① 就是说人能以仁为住所，那才称得上美。如果选择栖身之所不选择仁，那哪能算得上明智呢？那么什么是仁呢？孔子对仁的解释在其著作中出现过多次，他在《论语·雍也》中解释说"仁者先难而后获，可谓仁矣。"② 教育人们要勇挑重担，而不计较收获的多少，这样才能算作是有仁心的人。也就是说要敢于进行自我牺牲，要带着责任感主动承担利他行为，积极实现从道德客体向道德主体的转变。孔子还说："出门如见大宾，使民如承大祭。己所不欲勿施于人。在邦无怨，在家无怨。"③ 有仁德的人待人接物都会恭谨慎重，不会把自己不愿意做的事情施加给别人，对于国事也好，家事也好，都不会怨天尤人。总之，有仁德的人要有大爱，要严于律己、宽以待人。并且，孔子将这种仁爱之心由对人扩展到对自然界，他说："子钓而不纲，弋不射宿"，④ 意思是说夫子以钓竿钓鱼，而不用密度大的网将鱼捕尽，用箭射鸟，但不会射仍在巢中的小鸟，体现了孔子对动物的仁爱之心。孟子的思想更加强调民本和责任感，他一再劝诫君王实施仁政，

---

① 黄克剑：《〈论语〉解读》，中国人民大学出版社，2008，第 62 页。
② 黄克剑：《〈论语〉解读》，中国人民大学出版社，2008，第 118 页。
③ 黄克剑：《〈论语〉解读》，中国人民大学出版社，2008，第 247 页。
④ 黄克剑：《〈论语〉解读》，中国人民大学出版社，2008，第 144 页。

使社会内部形成相互关爱、相互帮助的和谐、温馨氛围。他说："老吾老，以及人之老；幼吾幼，以及人之幼，天下可运于掌。"① 要求人们除了尽到自己的抚养和赡养义务的同时，还要关爱别人的孩子和老人，这样才能实现国泰民安。孟子更进一步把这种博爱精神扩展到自然领域，他指出"不违农时，谷不可胜食也；数罟不入洿池，鱼鳖不可胜食也；斧斤以时入山林，材木不可胜用也。谷与鱼鳖不可胜食，材木不可胜用，是使民养生丧死无憾也。"② 在几千年前，孟子就已经告诫人们对自然资源的开发利用要适度，要顺应其生长规律，根据具体的节气时令耕种、捕捞、砍伐，这样百姓就不会对自己的生活有什么不满了。从今天来看，当今的封山育林、休渔等政策也正是孟子对自然仁爱思想的合理应用。先秦时期儒家学派另一位代表人物荀子也有过类似的陈述，他在《王制》中指出："圣王之制也：草木荣华滋硕之时，则斧斤不入山林，不夭其生，不绝其长也。鼋鼍、鱼鳖、鳅鳝孕别之时，罔罟毒药不入泽，不夭其生，不绝其长也。春耕、夏耘、秋收、冬藏，四者不失时，故五谷不绝，而百姓有余食也。洿池、渊沼、川泽，谨其时禁，故鱼鳖优多，而百姓有余用也。斩伐养长不失其时，故山林不童，而百姓有余材也。"③ 荀子认为，草木开花长大的时候，斧头不进山林砍伐，这是为了不让植物的生命夭折。鼋鼍、鱼鳖、鳅鳝怀孕、生育的时候，渔网、毒药不入湖泽，这是不断绝它们的生长。春天耕种，夏天除草，秋天收割，冬天储藏，一年四季不耽误时节，百姓就有多余的粮食了。池塘、水潭、河流、湖泊，严格遵守每个季节的禁令，百姓就有多余的资财了。树木的砍伐、培育养护不耽误时节，百姓就有了多余的

---

① 《孟子》，方勇译注，中华书局，2018，第 1 页。
② 《孟子》，方勇译注，中华书局，2018，第 5 页。
③ 楼宇烈主撰《荀子新注》，中华书局，2018，第 140 页。

木材。所以还是要顺应自然，以爱护的角度适当索取，才能实现自然界和人类社会的平衡发展。

道家的"天人合一"思想包含着循环观点，老子认为万物都有一个循环发展的过程，这就是自然界固有的规律，而人们就应该遵从规律，顺应自然，而不要轻举妄动，就可以达到与自然的统一了。"致虚极，守静笃，万物并作，吾以观复。夫物芸芸，各归其根。归根曰静，静曰复命。复命曰常，知常曰明，不知常，妄作，凶。"① 老子通过观察指出，世间万物都会经历周而复始的循环运动，开得再美丽的花，再繁茂的树叶也都会枯萎，然后回归它们的根本，从而达到永恒，能认识到这一点的人就会成功，不懂得循环规律的人就会有灾祸。老子又说，"希言自然。故飘风不终朝，骤雨不终日，孰为此者？天地。天地尚不能久，而况于人乎？故从事于道者同于道；德者同于德；失者同于失。"② 刮风刮不了一早晨，大雨下不了一整天，这都是由自然规律决定的，连自然现象都不能长久更何况是人呢？所以老子认为，遵循自然循环规律的人就能顺应自然，所以人们要修养德行，尊重自然。

张岱年先生指出，中国古代"天人合一"的思想，最基本的含义就是充分肯定自然界和人类精神的统一，关注人类行为与自然界统一的问题。我国古代文人墨客多寄情于山水，感受大自然对精神的陶冶，创作出许多唯美的田园诗，动人的水墨画，别具一格，是天然合一思想的另一种体现。从东晋陶渊明的"采菊东篱下，悠然见南山"的隐逸到唐代王维的"桃红复含宿雨，柳绿更带朝烟"，孟浩然的"绿树村边合，青山郭外斜"，都表现出诗人们对自然风景的欣赏和陶醉。李白的"飞流直下三千尺，疑是银河落九天"，描绘出诗人看到宏伟瀑布时的

① 《道德经》，张景、张松辉译注，中华书局，2021，第324页。
② 《道德经》，张景、张松辉译注，中华书局，2021，第325页。

无限遐想，苏轼《赤壁赋》中的"白露横江，水光接天。纵一苇之所如，凌万顷之茫然。浩浩乎如冯虚御风，而不知其所止；飘飘乎如遗世独立，羽化而登仙"，更让人如身临其境，无比神往。起源于象形文字的中国画更是多以山水、花鸟等为创作对象，展现出画家们对自然的热爱。我国古代文学家、艺术家在失意之时都十分善于从自然界中寻找归属感、成就感，从而再次获得新的价值观、新的生活情趣和希望，在实现自己与自然界的精神统一的同时，也为后人留下了宝贵的文化遗产和精神财富。

"天人合一"的思想贯穿于我国传统文化发展的全过程，教化人们以平和、泰然、仁爱的心态来对待自然万物，顺应自然规律，并在与自然的协调统一中获得更好的生存环境，更积极的生活态度，从而实现人与自然的永恒发展。并且要求人们把从自然中获得的愉悦、开阔心境带到为人处世中去，营造一种相互信任、相互关爱、诚恳、包容的社会氛围，以和谐的理念创造和谐的社会。在社会转型、价值重塑的今天，"天人合一"思想对社会风气转变、精神生活丰富以及各种发展矛盾的缓解都会起到重要作用。

3."天人相分"思想

荀子是"天人相分"思想的主要代表人物，所谓"天人相分"并不是把人与自然对立起来，而是说人可以在尊重自然的前提下充分发挥主观能动性来利用自然、改造自然，从而达到发展自身的目的。荀子在《王制》中指出"水火有气而无生，草木有生而无知，禽兽有知而无义；人有气、有生、有知，亦且有义，故最为天下贵也。力不若牛，走不若马，而牛马为用，何也？曰：人能群，彼不能群也。人何以能群？曰：分。分何以能行？曰：义。故义以分则和，和则一，一则多力，多力则强，强则胜物，故宫室可得而居也。故序四时，裁万物，兼利天下，无它故焉，得之分义也。"① 意思是说水火虽然有气但没有生命，草木虽然有生命但没有知觉，动物虽然有知觉，但不懂礼义。而人跟某些动物相比虽然看起来没有那么强健，但可以集群并相互协调，从而合理利用四季节气，使天下受益，所以人才是世界上最珍贵的东西。荀子在继承前辈们"天人合一"思想的基础上创造性地提出发挥人的主观能动性，重视人类自身能力的思想，这与欧洲文艺复兴时期的人本主义思想有异曲同工之处。荀子而后又具体解释了发挥主观能动性的依据是要以人们自身的需要为尺度，而对自然资源的利用也正是自然界赋予人类的权利。他说："非其类以养其类，夫是之谓天养。顺其类者谓之福，逆其类者谓之祸，夫是之谓天政。"② 是说人们要会利用人以外的其他事物来供养自己，顺应人的需要去做就是福，违背人的需要去做就是祸。这样人们就可以实现"天地官而万物役"，恰到好处地役使万物了。

儒家的另一位代表人物孟子也在自己的作品中肯定过科技的重要性，他说"禹疏九河，瀹济漯而注诸海，决汝汉，排淮泗而注之江，然后中国可得而食也"。③ 在遇到自然灾害的时候，正是劳动人民用自己的勤劳和智慧探索出自然的奥秘，从而产生了科学，人们进而创造出了技术来应对灾难，让自己摆脱困境，这些依靠的都是人类对能动性的合理发挥。

道家学说虽一直强调自然的先在性和人类对自然的依附和顺应，但并不是否定人的主观能动性，而是要人们适可而止，审时度势地合理发挥能动性，控制自己的行为，避免走极端，以实现长久发展。"大成若

---

① 《荀子》，方勇、李波译注，中华书局，2015，第 114 页。
② 《荀子》，方勇、李波译注，中华书局，2015，第 265 页。
③ 《孟子》，方勇译注，中华书局，2018，第 95 页。

缺，其用不弊；大盈若冲，其用不穷。大直若屈，大巧若拙，大辩若讷。静胜躁，寒胜热……"① 伟大的成就好像有缺陷，但它的作用永不凋敝；盈满的杯子好像中间有虚空，但它的作用无穷无尽。最刚直的东西仿佛是弯曲的，最灵巧的人仿佛笨手笨脚，最雄辩的人好像不善言辞。所以老子的本意依旧是赞美伟大、灵巧、雄辩等技能，也不反对人们去追求这些技能，更没有否定人们对这些技能的应用，只是告诫人们拥有了这些技能也应谦虚谨慎，保持一颗平常心，切不可骄傲自满、目中无人。

面对国内日益恶劣的生态环境和不断爆发的生态危机，人们往往会把责任单纯归结为科技发展和经济增长。"实际上，问题不在于经济和科技本身，而在于人们对科学技术应用的方法和目的，古代先哲们告诫我们，作为自然界的一部分，对自然资源的利用本身是自然赋予人类的能力，我们应该充分应用我们的能力来了解自然、研究自然，从而找到在顺应自然的前提下满足自身发展需要的方法"。② 但这并不意味着可以随心所欲地掠夺或改造自然，遵从规则的自由才是真正的长远的自由，尊重生命和发展权益的平等才是真正的平等，在与自然对抗中取得的短暂胜利从不值得骄傲，顺应中的能动才是长远发展的根本。

传统文化作为中华民族特有的文化宝库，早已成为人们价值观、风俗、习惯的有机组成部分，潜移默化地影响着人们的日常生活。因此，传统文化对各项方针政策的制定有着不可取代的参照意义。传统文化中"天人合一""天人相分"的思想在中华文化发展史中进行着不断的论

---

① 《道德经》，张景、张松辉译注，中华书局，2021，第191页。
② 庞昌伟、薛莲：《从中华优秀传统文化中汲取生态文明建设的智慧》，《中国经济导刊》2015年第10期。

战和发展，但始终强调人们要在尊重规律的基础上来满足自身需要，从而实现持续发展，这也是中国共产党生态文明思想的重要思想理论来源。

（四）西方马克思主义中的生态思想

生态社会主义作为西方马克思主义发展的重要分支，对环境、社会、政治的发展都提出了独具马克思主义理论特色的观点。它作为具有广泛影响力的环境理论为思想政治教育视野下生态文明思想理论的发展提供了丰富的参考内容。

1. 西方生态马克思主义简述

20世纪六七十年代，西方资本主义世界的绿色运动蓬勃发展起来，"生态马克思主义"理论应运而生。他们将保护生态环境与批判资本主义、宣传社会主义相结合，继承并发展了马克思的"人类尺度"、自然问题的根源是社会问题、人与自然的历史性统一等思想。并合理应用了新马克思主义法兰克福学派的人与自然关系的思想，把"批判性生态思想发展成构建性生态理论"。生态社会主义认为生态运动不仅是一种环境运动，更应发展成一场广泛而深刻的政治斗争，成为与资本主义斗争的一部分。他们提倡参与型民主、提倡社群意识的培养，以社会主义方式解决生态问题，反对资本主义的专制和垄断。

生态马克思主义自诞生至今，大致经历了三个理论发展阶段：生态马克思主义、生态社会主义和马克思的生态学。

生态马克思主义始于法兰克福学派，自马克斯·霍克海默、西奥多·阿多诺、赫伯特·马尔库塞生成理论雏形，经威廉·莱斯、本·阿格尔完善发展。法兰克福学派并没有看到马克思所预言的资本主义社会中因为工人的极端贫困而造成的发展断裂从而导致解体。相反，科学技术的发展提供了更多的社会财富，给国家福利政策的制定和实施创造了条件。现代金融业的产生和运作给资本提供了运营场所，为更多人获得资本创造了条件，并未产生不可调和的两极分化，因此经济危机理论受到威胁。然而，随着人类社会财富和资本的丰富，随着资本对社会和自然的控制力的增强，自然环境遭到严重破坏，资本主义通过创造虚假需求和异化消费将社会内部矛盾转移到生态环境上，造成生态危机。在资本主义经济危机已被生态危机取代的情况下，法兰克福学派提出了要人们从异化消费中解放出来并将劳动的目的回归到自我实现上的抽象方法。

生态社会主义产生于 20 世纪 70 年代，其主要代表人物有鲁道夫·巴赫罗、大卫·佩伯、劳伦斯·威尔德等。生态社会主义的产生给了生态马克思主义从哲学批判到社会学和政治学批判的转型条件，也为西方绿色运动和社会主义运动的结合提供了契机。1972 年罗马俱乐部发表的《增长的极限》激发起人们对绿色运动的关注，同年第一个绿党在新西兰诞生，随后，欧洲各国也相继建立起自己的绿色政党，生态马克思主义理论从哲学领域延伸到经济和政治领域。在自然观上，生态社会主义既不赞成人类中心主义也不支持生态中心主义，而是把人类中心主义和人道主义相结合，要求人类对自然进行自觉的关爱和保护。在经济上，生态社会主义提出了将市场与计划相结合的"混合"型经济，主张实行公有制，并进行民主管理，对于经济增长不追求绝对速度，而要求稳定和适度。在政治领域，强调基层民主和非暴力斗争，主张和平对话和第三世界的联合，反对超级大国斗争、核试验以及针对发展中国家的殖民政策。

对于马克思是否为一位生态学家，之前学界一直都存在激烈争议，直到 2000 年，美国教授约翰·贝拉米·福斯特出版专著《马克思的生态学——唯物主义与自然》，马克思被以一位生态学家的身份呈现给世界，同时也标志着马克思的生态学学派诞生。该学派代表人物福斯特首先是一位生态学家，在对马克思主义生态思想进行考察之前，他先归纳出了生态学的四大基本规律，随后将马克思、恩格斯的思想与这四大基本规律进行匹配论证，得出马克思主义"物质规范与社会规范相结合的原则"、"整体论原则"以及"教育与实践相统一的原则"与生态学基本原则相符，从而论证马克思生态学家的身份，确立马克思主义在生态研究领域的发言权，进而对其理论体系进行深入挖掘。福斯特指出，马克思在分析人类社会与自然社会相互作用、新陈代谢的过程中已经提出了可持续发展这个现代生态学概念。

2.西方生态马克思主义特征

西方生态马克思主义的最大特点就是给予科学技术极大关注，可以说，整个生态马克思主义理论的发展过程就是以科技发展为中心展开的，是依靠科技乐观主义和科技悲观主义的论战发展的。西方生态马克思主义的生态关怀也是从科技领域延伸到伦理、政治、经济等领域的。随着生态危机范围的扩大和资本主义社会内部矛盾的激化，生态马克思主义对资本主义的批判更加深入，对生态危机的分析和关注也更加全面。经过近百年的发展，生态马克思主义理论体系已在批判中发展得较为成熟，其异化消费、观念转变、注重使用价值、全世界无产阶级相互团结等思想对我国的生态文明建设都具有借鉴意义。但西方生态马克思主义毕竟是在资本主义制度下形成和发展的，难以跳出资本主义的资本和社会运营模式，最终都陷入改良主义和仅依靠精神观念发展的乌托邦格局。真正要使赋予了生态价值的马克思主义得到践行，找到符合马克思主义初衷和基本原则的生态发展道路还要依靠社会主义制度，在社会主义国家民主建设中得到实现。

在对待科技的态度上，法兰克福学派的马尔库塞改变了前人完全悲观的态度。他认为，正是技术的发展使资本主义有能力加强对人类社会和自然界的控制，他还认为，技术的发展会造成进一步的更大程度的集权以及世界格局的加速分化，科技发达的国家会得到对其他国家的控制权和威慑力，发达国家对核武器的占有就是最好的例证。另外，科技的发展使更多人的欲望得到满足，从而消除了人们在公共生活和个人生活以及社会需要和个人需要上的对立，延续了资本主义的发展寿命。资本主义环境下技术的发展创造出人类生活本不需要的虚假需求，人类对这种虚假需求的满足建立在对自然资源的破坏和剥夺的前提下，所以导致生态环境的崩溃。资本主义世界使人们甘愿接受技术的控制，整个社会的发展变成单向度地追求技术的发展，人类成为技术的奴隶。但马尔库塞认为，技术的负面效应只是暂时的，是资本主义发展的特定历史阶段造成的，其进一步发展会引领资本主义走向毁灭，而实现马克思的预言，他说，"发达的工业社会正接近这样一个阶段，即继续的进步将要求彻底破坏政治盛行的进步方向和组织"。① 所以技术的进步最终会带领人们实现对必然王国的超越。

马尔库塞的学生莱斯和北美马克思主义代表人物阿格尔共同创建了生态马克思主义。莱斯认为，科学技术虽然造成了异化消费和人类的控制力的无节制增强，但这些负面影响的直接原因并不是技术发展本身造成的，而是资本主义环境下人们的控制观念本身造成的。资本的扩张和剥削本质使资本主义制度下的人的控制欲不断膨胀，而科技只是人们满足控制欲的工具。换句话说，科技的负面效应并非来自科技本身，而是

① 〔美〕H. 马尔库塞：《单向度的人》，张峰、吕世平译，重庆出版社，1988，第15页。

来自人们对科技的不适当利用。莱斯认为，只有从伦理道德上对人的欲望加以控制，才能改善人类与自然的关系，放松人们对自然的控制，同时也放松人类社会内部的控制力。这种对科技的探讨虽然已深入观念领域，但脱离经济基础从意识上寻找解决问题的出路本身就违背了马克思主义基本精神，同时也是对资本主义批判的不彻底，是对资本主义制度的妥协。莱斯总结出，生态系统的有限性和资本主义生产能力的无限性是资本主义社会面临的新的重要矛盾，这一矛盾的发展最终导致生态危机。

20 世纪 90 年代末，随着各种绿色运动实践的发展，改良型的西方生态马克思主义并没有让生态危机得到控制。相反，随着资本主义的全球化发展，生态危机也蔓延至全世界，这引起了西方生态马克思主义研究者的深度思考。美国绿党代表人物克沃尔对传统改良式的生态理论进行批判，提出了革命的生态社会主义理论。克沃尔认为，科学技术的发展确实是导致生态危机的重要因素，但生态危机的解决最终仍需依靠科技。如果想让科技在生态恢复中起到积极作用就必须对资本主义的生产方式、消费方式甚至整个社会的生存方式进行改革。因而，克沃尔认为只有建立起马克思主义所说的生产资料公有的、劳动者实现普遍联合的社会才能实现科技的生态价值。为支持自己对科技的论断，克沃尔从经济上、政治上、国际关系上、国际组织等方面提出了一系列构想，是西方生态马克思主义对马克思主义政治经济学的复归，是对生态危机更深入、更全面的思考，但他将使用价值从交换价值中分离、建立"世界人民贸易组织"等设想仍具有明显的空想性特征。

总之，西方生态马克思主义体现了西方马克思主义学者对生态问题的关注，是生态学学者从马克思主义中寻找出路的尝试，它揭露了现代资本主义社会暗藏的新型矛盾，并试图对其进行化解。但由于在资本主义制度下缺少合理的实践环境，西方生态马克思主义最终都走向改良或陷入空想，无法从根源上解决生态危机。

二 大学生生态文明教育实践经验借鉴

生态文明教育在全球范围内的盛行始于 20 世纪 70 年代，当时多数发达国家迅速建立起了较完善的生态教育体系及专门教育机构。第比利斯会议后，虽然我国也在各层次学校教育中开设了相关课程，但从资金、课时到教师培训的投入与其他专业课程相比都相去甚远。前文已论述环境实践对于生态文明教育的重要性以及我国高等教育阶段中生态文明实践教育的匮乏。他山之石，可以攻玉，这部分内容主要介绍其他国家及我国港台地区大学生生态文明教育的相关做法以供借鉴。选择这 4 个国家并非随意，也不是因为他们的生态文明教育实践工作开展得最为先进，而在于它们分属不同大洲，地理位置也相距较远，自然和社会环境都差异明显，所以它们的生态文明教育具有鲜明的本土化特色。这些国家和地区都成功做到使生态文明教育与已有教育体系有机融合，与政治、经济要素相互协调作用，并体现出鲜明的历史文化特征。

（一）多国大学生生态文明教育经验介绍

1. 澳大利亚大学生生态文明教育实践

澳大利亚的生态文明教育正式开始于 1975 年，1980 年建立了全国性专业教育系统，自此，澳大利亚生态文明教育在全国广泛蔓延开来，教育力度也得到不断加强。

（1）生态文明教育的校外环境

澳大利亚的生态文明教育主要以学校为平台，以教师为依托，所以教师培训是生态文明教育的起点。从事相关工作的教师首先要对该领域抱有一定兴趣，进而学校会安排相关培训，教师培训课程全部以社区内环境事件调研为基础，提供了方便、直观的生态认知机遇。虽然澳大利亚已形成全国通用的生态文明教育课程，但教育部门仍致力于课程内容丰富性和本土化程度的提升。

对具体环境问题的处理是澳大利亚生态文明教育的主要形式，学生的生态认知和生态化生活能力主要是在处理问题的过程中养成，这种教育形式对于环境问题的信息公开、居民的环境主体意识都有较高要求。但由于澳大利亚气候和地形较为复杂，各地的生态环境问题必然也有很大差异，这样带有很强经验主义色彩的生态文明教育难以实现理论上的统一，但其全国相关课程中都在强调环境领域的哲学和经验主义问题。澳大利亚的生态文明教育形式展现的是一种对文化、社会、政治、道德、情感、经济等社会科学要素的环境尺度或自然科学尺度的拿捏，生态文明教育不仅是对现有环境问题的教育，更是对受教育者新的文明形态建设能力的培养，其目标不是要解决已有问题，而是要预测和预防将要发生的环境和社会问题。

澳大利亚国家生态文明教育协会（AAEE）是全国性生态文明教育专业机构，它始建于1980年，致力于国内外教育从业者生态文明教育技能的提升，目前已成为生态文明教育尖端人才聚集地。AAEE的主要工作在于提供最广泛、有效的教育，来帮助人们形成与可持续发展相适应的生活习惯，以及建立更有力的地方关系网络以促进合作及技能共享。该协会还会定期组织专业游览和交流研讨会以关注社会变化对环境问题产生的影响，这些活动遵循整体、交互、全球视野的原则，致力于道德标准的提高和调研、评估质量的巩固。虽然澳大利亚生态文明教育资源的积累已得到法律支持，但相比其他关键教育领域其资源依然较少。

（2）生态文明教育的校内工作

在传统的学位教育中，全面包含政策、组织和实践要素的生态文明教育是相对较少的，主要针对从事相关工作的教师开设。例如，维多利亚的迪肯大学和昆士兰的格里菲斯大学就联合面向全国范围在职教师开设了生态文明教育远程课程，已拥有大学本科学位的教师在完成课程后可获得硕士学位。很多大学也面向社会开设生态文明教育课程，各层次教师都可以参加，但并不授予学位。例如澳大利亚联邦就业部就曾资助过相关国家专业发展项目，用于对生态文明教育从业人员的培训以及高校、教育系统以及相关专业机构在生态文明教育课程体系构建领域的合作。当然，澳大利亚高等教育中的生态文明教育也同样是以社区内环境问题的调查和解决为基础，并得到土地所有者的大力支持，他们往往十分乐意将私有土地贡献出来进行动物、土壤、资源管理等方面的科学研究。

经过 40 多年的发展，澳大利亚的生态文明教育前景依旧充满光明。打造长期的、前后一致的生态文明教育体系就是教师群体对"环境保护主义"信念的坚持，是他们甘愿献身的崇高事业。澳大利亚从事生态文明教育工作的教师往往对自己的工作抱有极大热情，即使是在违反常规或违背潮流的情况下，他们也会千方百计寻找途径从事相关研究工作。在教师们的不懈努力下，澳大利亚的生态文明教育已逐渐从零散走向一致，分歧也逐渐被化解，但就已有的发展状态来看，今后的生态文明教育应该还会出现两种发展趋势。第一种发展趋势是多元化发展，虽然澳大利亚官方对生态文明教育的引导方向是集中化发展，但如前文所述，该国的生态文明教育主要以学校教育和教师教授为主要途径，教师在该领域发展进程中扮演着最关键的角色。就很多从事相关工作的一线教师而言，由于澳大利亚州际和区域之间的自然环境、文化环境甚至政治环境都存在很大差异，因此集中化授课和测试体系的建立是违背第比利斯会议提出的生态文明教育本土化精神的。他们依旧倡导传统的针对区域或社区内环境问题开展的测试和课题研究，继续推动生态文明教育的多样化、特色化发展。这种纯粹以具体事件为教育工具和研究对象的教育方式虽然可以给相关领域的研究提供案例、数据等一手资料，但难以控制和沟通，更重要的是无法集中起资源，合力推动该领域研究的发展，官方机构一直试图提升这一领域的标准化程度。为了解决标准化和多样化之间的矛盾，澳大利亚生态文明教育的第二种发展趋势是对两者的中立性调节，这种调节主要以将生态文明教育融入社会教育为手段，这样一来，生态文明教育就不再作为自然科学教育的衍生物，而成为一门独立发展的教育学科。现在，澳大利亚的生态文明教育已经与社会政策、民主进程、社会公平以及生态可持续发展紧密相连，从某种程度上来说，这一策略还是非常成功的，它从社会视角对待哲学问题，并很好地应对了生态文明教育的经验主义问题。澳大利亚的生态文明教育发展前景取决于这两种方向在理论和实践领域的应用情况，以及在生态文明专业发展和教育研究方面的建树。

2. 加拿大的生态文明教育

加拿大的生态文明教育始于 20 世纪 60 年代，至今在公共教育领域一直得到教育工作者的特别关注。从环境问题变成公众关注焦点起，具有环境科学或自然史研究背景的教育工作者便开始构建生态文明教育体系框架。20 世纪 70 年代，包括斯德哥尔摩会议、第比利斯会议、贝尔格莱德会议在内的国际生态文明教育会议相继召开，虽然这些会议对各国各地区教育组织的委托中包含对生态文明教育的强调，但近 20 年的时间里加拿大本土几乎没有设立过主管相关事务的机构。直到 90 年代，加拿大生态文明教育和交流网络才建立起来。

加拿大生态文明教育的特色在于对人们生态主体意识和生态责任感的培养，在政府颁布的相关法案的支持下，其教育内容贯穿于主流教育之中，不见形迹地引导着公众对区域及国家生态问题的关注。

从北美视角来看，加拿大的生态教育活动有很强的地区性特征，很难简明概括。在起步阶段，加拿大的生态文明教育主要是靠有影响力的教授开设公开课，通过讲座和课程教学来提高国人对生态问题的关注。有些环境领域的科学家如大卫·铃木还会借助媒体对生态问题进行宣传、放大，长此以往，学者们的不懈努力极大地激发了公众对加拿大林业、渔业等特有环境问题的关注，刺激公众产生接受生态文明教育、提升生态化生活和思维能力的强烈意愿，因此，20 世纪八九十年代，生态文明教育已经成为每个加拿大公民关心的问题。

20 世纪初，加拿大联邦政府和各省政府陆续颁布环境领域保护和教育法案，以契约的强制力进一步丰富了公民对地方性、全国性乃至全球性环境问题的认识。例如"加拿大绿色计划"就是由联邦政府颁布的致力于净化和保护全国环境的综合性法案，这一法案的颁布使那段时期内的很多生态教育项目应运而生。另外 1993 年设立的"国家环境与经济圆桌会议"也刺激了包括"发展保护策略"在内的大批环境保护活动的开展，这些各省颁布的保护策略中多数都对生态文明教育政策进行了特别陈述。尽管地球高峰会议和贝尔格莱德会议召开后，世界范围内产生了一种用"可持续发展教育"替代"生态文明教育"的趋势，但加拿大联邦政府仍旧针对中小学生生态文明教育颁布了"市民环境项目"和"可持续发展学习项目"来支持生态文明教育发展。

由于加拿大国家宪法将教育定义为一种区域性指令，因此联邦政府和各省政府在教育领域的合作是至关重要并会产生强有力影响的。加拿大的每个省和地区的生态教育政策都能反映出自身政治、文化背景以及地理和资源特征，教育领域的多样性还源于这个国家政治领域中对双语制度、文化多元主义以及宗教多元主义的坚持。类似生态文明教育的这种教育领域的创新必须要考虑到会影响教育发展和创新的复杂社会条件及教育条件才能被很好地接受和理解。虽然具有多元化特征，但加拿大社会性的生态文明教育是世界上最不具政治性特征的教育体系之一，多数省份都应用相似的教育发展模型，生态文明教育也与主流教育体系极好地融合在了一起，以致难以被特别区分出来。这种目的纯粹、融合自然的生态文明教育体系的形成无疑与教师们的不懈努力密切相关，教授任何课程的教师都必须要坚信自己在生态文明教育领域担任着至关重要的角色，才能丰富自己在该领域的知识，提升自身教学能力。

如今的加拿大生态文明教育主要有哪些做法呢？很多省份科学课程的课程大纲都明确规定了学校需要提供的环境教育相关活动，越来越多的省份将生态文明教育内容融入已有课程中或者建立起可持续性的教育发展战略。之前的加拿大教育体系习惯应用美国的教育资源和材料，但在生态文明教育方面，教师得到的多为起源于加拿大本土的教育资源和材料，这些资源挑战着传统的教育理念，迅速刺激传统教育体系生长出绿色因子，"地球学院""环境学院"等展览如雨后春笋般出现在各中小学的教室或走廊里，这些展览涵盖的主题多种多样，从水资源到森林资源再到加拿大本土生物基因都充满地域特色。与 20 年前相比，加拿大生态文明教育最大的差异在于公众和政府对生态文明教育课程和相关研究发展的态度。从草根阶层来讲，从基础教育到高等教育，生态文明教育已不仅仅作为选修课程被强调，而是被教育领域的核心人物提升到学术和行政管理层面。虽然 21 世纪初，加拿大高等教育体系中也出现过抑制环境教育课程开设、项目实施甚至教师培训的现象，但教育工作者始终对生态文明教育抱有极大的兴趣和热情，他们借助非政府组织继续开展教育宣传工作，并创办相关刊物。像生态镜和青树教育基金会这些非营利性组织都在促进生态文明教育活动发展方面发挥了极大的作用，为教师科研工作的持续进行提供了很大支持。所以从全国范围来讲，这段时间加拿大的生态文明教育并没有像很多其他国家那样出现被边缘化的现象。

几十年来，生态文明教育工作的开展对加拿大公民和社会都产生了显而易见的影响。越来越多的人认识到生态环境的改善不仅关系每个人生活质量的提高，更是每个人应尽的责任，而这种责任意识已成为"加拿大意识"中不可或缺的重要部分，而生态文明教育中夹带的生态道德也正转变着年轻人的世界观和价值观。

3. 厄瓜多尔生态文明教育

厄瓜多尔的生态文明教育与其他领域教育形式有些许不同，它主要依托非政府组织开展针对特定案例的学习进行。然而，南部民族在环境领域相关项目和教育发展上给予了极大重视并倾注了大量努力。1995年，厄瓜多尔皮钦查省地方议会便命令 OIKOS（非政府组织）建立一项"环境教育交流计划"，作为"西皮钦查地区发展项目"（WPRDP）的一部分。这一项目包含生态教育、环境教育、农业工业生产以及自治市机构建设等部分。厄瓜多尔生态文明教育的核心在于充分提升公民生态环境意识，从而提升其在解决区域环境问题方面的合作能力。厄瓜多尔生态文明教育的发展目标还在于鼓励人们参与到可持续发展相关项目的实现中，因为这些项目对于 9000 平方公里上 35 万居民的健康生活至关重要。

"环境教育交流计划"对于教育交流方面的系统计划安排以及教育工作队伍培训进行了重点强调，并要求形成一个合理的、全面的、可行的教育方案。政府规定这一项目最多在三年时间内完成，第一年的前 3 个月要用于构建完善"环境教育交流计划"方案，后 9 个月要将其付诸实践，而接下来的两年用于项目的后续发展及评估。作为一个小国，"环境教育交流计划"的实施对厄瓜多尔的自然环境和社会运行体系带来了重大影响，其生态伦理立场、教育特色以及教育目标都寓于这一项目的规划和进程中。所以，对厄瓜多尔生态文明教育内容和特点的介绍主要依托对这一项目的说明。

（1）项目计划进程

"环境教育交流计划"的策划主要分为三步：第一，分析识别西皮钦查地区教育交流方面的实际需要；第二，找准具体研究对象；第三，建立生态文明教育和交流的战略框架。

①教育交流实际需要的识别

被识别的对象包括：区域环境问题的发展状况、区域自然资源存量，公众的生态意识和生态认知能力，以及现阶段生态文明教育和交流存在的明确的、潜在的需要。

第一，对区域环境问题状况的识别和分析主要包括对问题的起因、影响以及附带社会效应的调研。调研结果显示，最严重的区域环境问题是水污染、土壤污染和侵蚀、物种退化以及大气污染。而这些问题的产生除了区域本身的自然条件外，与国家和社会政策不健全、科技成果付诸实践困难、组织机构发展程度低、环境方面立法和技术落后、政府相关领域财政支出不足等很多社会问题密切相关，这些调研和分析结果对之后的教育交流实践过程有很重要的指导意义。

第二，分析公众环境意识主要通过识别公众对环境问题的认知情况来实现，识别的对象包括人们对环境问题解决方案的设想、对生态环境相关社会问题的态度以及日常生活中与资源利用和环境保护相关的最普遍的行为方式。对这些问题的分析和识别也主要依靠社会调研来实现。

第三，对生态化生活实践和习惯的调研分析。研究人员选取了50名房主来调查本地区居民的生态化生活习惯发展情况，另外还选取了10家小企业进行深入采访，以查明企业在生产过程中存在的对环境有积极和消极影响的生产行为，从而分析出在何种情况下人们会为净化环境、保护资源而转变生产方式。

第四，是对生态文明教育和交流需求的调研分析，这一方面的调研主要以人们对于污染和生态文明教育的态度、行为、实践为对象。调研的内容包括：社区和学校生态文明教育的应用实践情况，提高自然资源利用率所需的技能和知识类型，人们对社区生态文明建设项目的开展所持态度和执行动力。

②目标设置

厄瓜多尔"生态文明教育交流项目"专门为目标制定设置了一套执行程序，这套程序的用意在于建立一种预测机制，来对项目结束后人们需要具备的最基本的环境知识、生态伦理以及解决环境问题的能力进行合理定位，形成系统教育方案。在执行过程中，调研人员归纳出了人们已具备的需要强化的实践和生活习惯以及为保护环境需重塑的行为方式，并根据这些习惯制定出这一项目最终要实现的教育目标：首先要厘清包括可持续发展、环境公众参与、生态文明教育角色、多样性、生态、环境等特定生态文明核心概念；其次，为提升人们的生态认知能力、丰富生态文明知识、提高生态化生活素质，项目必须形成一套合理的战略目标；最后，针对项目执行过程中出现的多种特殊需求还特别制定了项目执行目标。

经过一系列的分析、研讨和协商，项目组最终制定出符合厄瓜多尔地区发展需要的生态文明教育战略。在项目实施过程中，生态文明教育对环境问题的强调和宣传应用了宏观和微观两个维度。首先从宏观维度将生态问题作为一个整体，放在整个社会背景中进行探讨，介绍其来龙去脉；其次再从微观维度对各项具体环境问题进行解析和处理，突出其特征、影响、社会因素，归纳概括出通用解决对策。厄瓜多尔官方教育体系从两个视角来强调生态文明教育工作的重要性：第一，发展和加强生态文明教育技术方面的学校基础条件建设，如课程建设、教师培训、教育资源收集以及教师工作积极性的提升等；第二，将学校教育与社区工作相结合，找到二者在解决生态问题上的共同着力点，形成可行方案。

（2）项目执行及结果

"生态文明教育交流项目"的管理队伍由来自交流领域、非官方教育部门、官方教育部门、生产部门、环境法律部门等多部门的专业人员构成。这些专家全都要接受严格培训，培训内容包括对项目进程的实施步骤、提升公众参与率的相关策略以及如何巧妙运用反馈机制提升项目活力。项目的实施中还设有一个平行的监督体系，以评估公众参与的表现以及项目的实现进程。在拥有充分调研和策划的前提下，该项目的实施过程是十分顺利的，也取得了很好的成效。仅从初步成效来看，公众展现出很高的参与热情，对于运行模式和工作进程的反馈也非常理想，即使是没有机会直接参与到项目活动中去的观众们也都表示得到很多环境教育和交流方面的帮助。这一项目对人们产生的影响十分明显，很多居民在日常生活中都已产生环境意识，可以自觉将环境效益作为自身行为的约束条件，而企业也可以从生态视角转变生产模式。所以，项目完成后，执行人员最大的感触和经验在于，生态文明教育和交流项目的成功关键在于对教育材料的事前测试和确认，有了充足的前期调研和准备，才能使教育工作具有较强的针对性和说服力。然而，这些仅是项目起步阶段取得的成效，之后，该项目的实施范围从西皮钦查地区扩大到全国，对南美其他国家的生态文明教育工作的开展以及资源环境问题的解决都提供了很好的借鉴。

然而，厄瓜多尔的生态文明教育工作与其他国家一样，也存在资金和设备支持问题，但该国始终都在增加相关支出，并策划开发其他相关项目。与北美的生态文明教育项目相比，南美国家的国土面积小、经济发展水平低，教育总体层次也较低，生态文明教育尚未能与政策、法律、伦理等问题很好地结合起来。但以集中的形式对特定项目进行自上而下谨慎、认真的实施，是符合他们本国国情的有效方式，可以说收获了立竿见影的成效。

4. 西班牙生态文明教育

（1）西班牙生态文明教育的社会和政治环境

历时 40 年的弗朗哥专政结束后，西班牙开始向现代欧洲民主社会转型，从 1978 年到 1983 年，西班牙全国共有 17 个地区实现了区域自治。每个自治区都有经济、健康、社会服务、就业和教育等方面的决策权，但这些决策权需要在中央政府制定的总体框架下执行。在教育方面，自治区要自行制定政策以规范教育内容、教师任命、校舍建设和维护、科研、测试以及教师培训方面的工作。1990 年，西班牙自主颁布教育改革法令，这一法令更多强调的是教育进程和态度，而不是知识灌输，它使用一种建设性视角来对待教授和学习进程，要求学生在教育活动中具有更多的主体意识性和主动性，并要求家长具有一定的家庭教育能力。这一法令适用于系统学习的各个阶段，并将学校义务教育年龄提高到 16 岁。

西班牙对生态文明教育的认识还是比较深入和先进的，他们早在20世纪末就已指出生态文明教育是一门跨学科教育课程，环境教育、健康教育、民主教育和社会平等理念教育都是西班牙生态文明教育的内容，生态文明教育还具有很强的实践性，是对传统教育体系进行复合型专业模式改造的一个良好契机，必须要把学校课程教育与自然和社会环境结合起来才能取得很好的效果。

（2）官方教育体系中的生态文明教育

官方教育体系中的生态文明教育旨在建设一种途径，将学习和生活相连、教室和社区相连，从而从总体上改革并提升课程教学质量。

在西班牙的学前教育和小学教育中，生态文明教育并不像语言、数学或其他自然科学那样被当作独立的课程开展，而是寓于生活能力和社会意识的培养之中，西班牙的教育法将生态文明教育定义为跨学科教育，但在学前教育和小学教育阶段并不作为必修内容。20世纪末，有些学校强烈呼吁将生态文明教育纳入少儿教育必修课，得到广泛社会支持，有些学校每年都会获得生态文明教育方面投资以开展相关研讨会、夏令营、庆典等活动，越来越多的教师有机会加入其中，他们在从事教育工作的同时还肩负着法律规定的其他重要责任。

在中学教育阶段，有5种学习方向供学生们选择，即科学、人类学、艺术、新技术以及现代语言。在这一阶段，学生获得生态文明教育的途径主要有三种：第一，所有科学方向的学生都必须学习生态学相关课程；第二，学校对这5种方向的学生统一开设相关选修课，学生们可进行自主选择；第三，在所有学生的必修课程中实际上都包含生态学基本知识、生态伦理以及与之相适应的行为规范等教育内容，这些内容分散在各学科中。可见，西班牙教育部门为给学生提供充足的教育资源，在课程体系构建方面还是下了很大功夫的。

在职业教育方面，对于那些不去选择上大学的学生（类似于我国的中专教育），他们可以通过参加环境相关的社会活动或参与"社会保障项目"来接受环境相关教育。在这些活动中，他们可以获得园艺、农耕、清理污染物等环境保护技能，这些技能无疑都可以致力于推动自然和社会的可持续发展。而高中阶段，学生们就必须接受生态学、环境问题、地球科学等相关专业课的学习了。

在过去 40 年中，高等教育中的生态文明教育逐步得到重视，在硕士和博士教育阶段，生态教育相关的课程、研讨会、学术会议、调研以及选修课的数量得到极大提升，在社会学、政治性、哲学、生物学等专业的学习中都包含生态文明教育内容，充分体现出生态文明教育的跨学科属性，另外，相关专业也开展得如火如荼。对于高校教师教学能力的培训也被突出强调，每个自治区都有针对在职教师的培训课程，这些内容包括生态文明教育方法论、结构主义学习方法、环境问题研究以及对跨学科课程评估能力培养。

（3）校外生态文明教育

在西班牙，学生有很多可以接触到生态文明的校外学习机会，NGO、生态学家小组、野外学习中心都是学生们的理想去处。过去几十年里，在环境教育 NGO 蓬勃发展的影响下，人们对生态环境问题的关注度也大大提升，西班牙已有近半数人口通过国内或国际 NGO 参与到环境事务中。西班牙野外教育中心的开设对于集权主义政权颠覆后的环境重建具有很大意义，这些教育中心往往都以农舍及古代豪华宅邸为主要教育活动基地。民主社会建设刚开始时，改革家们从政治、经济、社会等角度对教育改革建言献策，野外教育中心就是专家们在环境教育领域提出的独特途径，它既很好地利用了独裁时期形成的西班牙特有的农场、宅邸等资源，又可以在学习和研究的过程中找到这些场所周围环境问题的解决方法，同时也提供了生动的历史和民主教育素材。从教育效果来看，野外环境教育中心给人们提供了亲近自然、了解自然的机会，逐步培养起了人们保护自然资源的热情。同时，生态文明教育本身就蕴含着民主、包容、平等发展等理念，野外环境教育中心以历史遗迹为主要教育场所，成功地将生态文明教育与民主政治教育有机融合，实现了二者的相互促进。野外教育中心发展至今，"农场模式"已成为一种风靡全国的户外教育模式，它很好地限制了稀缺资源的公共利用程度，在接纳参观者的同时也传递着最前沿的环境信息。

（4）环境教育方面的国家策略

早在 20 年前，西班牙就制定了全国性的生态文明教育战略，这一战略的主要目标在于实现官方和非官方教育项目的协同发展，在众多环境保护相关机构的支持下，它提供了一个从多视角制定全面的教育目标和执行程序的途径。战略包含一个技术工作小组和一个基础建设小组以及一个 NGO 管理小组，技术工作小组主要负责对全国范围内的生态文明教育工作进行统计和数据分析，并在可持续发展的限度内制定西班牙生态文明教育实施计划。基础建设小组的主要任务在于建设生态文明教育的物质基础和社会环境，这一小组的另一重要任务是建设生态文明教育的学校教育机制，并把健康教育和生态消费理念融入学校教育之中。NGO 管理小组的使命在于分析、分配 NGO 已有和应有的工作内容，组织志愿者和相关活动是这一小组的重要工作。另外，世界保护同盟支持下的西班牙生态教育委员会定期举办研讨会，政府和非政府组织都会派出代表参与研讨会，同样为西班牙的生态文明教育战略制定做出了极大贡献。

国家层面的生态文明教育目标在于尽可能提升生态环境问题的公众参与程度，以实现可持续发展目标，这就需要社会各个部门协同开展调研和反馈评估工作，积极交流和横向对话的开展是最现实而基础的条件。政府的最重要作用是协调实现官方和非官方组织在生态文明教育方面的紧密合作，这种资源的整合是非常关键的，是实现和提高其他所有教育工作效果的保障。西班牙政府在建立系统化、动态化生态文明教育战略的过程中也存在很多问题。首先，地方分权与中央集权的矛盾十分突出。西班牙全国共有 17 个自治区，每个自治区都有自身独特的自然资源和生态条件，政府的行政职能也存在一定差异，这些都使西班牙的生态文明教育与其他发达国家类似，无法摆脱碎片化特征。所以为方便管理、制定更好的教育政策，政府需要展开大量高质量的调查研究，以评估和识别各种环境工程可能带来的有形的和无形的影响。

在过去的几十年中，虽然西班牙建立起了独特的、参与性较强的生态文明教育体系，并取得一定成效，但仍存在许多不足之处，有很大创新和发展空间。

（二）国外生态文明教育特点分析

不难发现，上文中提到的国家在生态文明教育方面存在很多共性，这些共性也确实是其生态文明教育效率和效果提升的关键因素，但需要注意的是这些国家和地区的生态文明教育体系都是在资本主义制度下形成的，其教育理念、方式及目标与建立在资本主义经济基础之上的意识形态相适应，有些是不适合社会主义社会发展要求的，所以要理性扬弃，不宜直接套用。

要讨论高等教育阶段的生态文明教育，首先还是要从整体上分析国内外生态文明教育的基本精神。从整体上看，生态文明教育工作取得突出成就的国家和地区都不仅把生态文明教育看作环境问题教育，而且能将其自然融入上层建筑中，从政治、经济、文化、社会、宗教等层面全面分析人类活动与自然界产生的相互作用关系，以及环境问题中反映出的人们的思维和行为方式存在的异化问题。这些国家的生态文明教育在发展过程中无不强调其跨学科性特征，对这一特征的认识虽然可以使教育工作者把握好生态文明教育的脉搏，但同样也给他们带来了很大的挑战，即如何平衡和协调好发展各要素、各环节之间的关系以及社会各阶层的利益关系，以实现自然和人类社会发展的最大限度的平衡。为解决好这一问题，多数国家和地区的生态文明教育活动都在 20 世纪末 21 世纪初出现了停滞和边缘化现象，有些国家的生态文明教育至今仍难恢复生机。但工业文明条件下产生的激进、片面的发展方式在以消耗的形式将其生命力快速迸发的同时，带来了激烈的人地矛盾和社会矛盾。虽然两次世界大战后已建立起总体稳定的国际秩序，但污染和局部战争依旧像厉鬼一样威胁着人们的生命安全，破坏着人们的生存条件。所以各国民众在转变发展方式、改善人地关系上的积极性不断提升，共同努力坚持和平发展道路。于是，教育工作者最终找到开展生态文明教育的最好切入点：公民责任意识，并由此推开，从国家、州、县、学校、社区各个层次开展全民性生态文明教育。国外生态文明教育中存在的共同优势如下。

1. 从教育理念上来讲，奉行全民性、终身性教育

从学校教育来看，各层次、各学科的学校教育中都穿插了生态文明教育内容，虽然很少有国家将生态文明教育作为独立学科设立课程，但生态理念已融入各门课程中，学生对其已非常熟悉。还有很多学校会给基础教育阶段的学生提供生态沙龙、自然追踪等实践学习机会，未成年人单纯、天真，本身就对自然界和其他生物充满好奇，对动植物有很强的饲养和栽培热情，此时正是培养其生态责任感和良好生活习惯的绝佳时机，更是补充其环境知识的难得机遇。有了基础教育阶段的铺垫，到高等教育阶段，学生无疑已经有了一定生态学理论基础和环境素养，所以国外高校的生态文明教育往往不在学生自身的知识和能力的提升上过度用力，而是注重培养其对他人的影响和教育能力，也就是说，大学生身上的责任不仅仅是掌握环境知识、约束自身行为，更重要的是用已有知识和人格魅力影响他人，形成更大的社会效益。生态文明教育的终身性不仅是指公民要终身受教育，也要求人们终身保持教育意识和教育信念；而全民性不仅是说要扩大受众范围，更是在强调全民拥有教育意识，每个人都自觉成为教育和监督者。

2. 有健全的政策和法律体系作保障

人们总会因制度存在而形成工具性的思维和行为模式，回看上述几个国家的生态文明教育发展历程不难发现，他们在教育体系形成伊始和突破发展瓶颈之时，主要都是靠政府相关政策的出台和国家、区域立法为生态文明教育提供法治力量和政策保障。美国曾自诩为最早开展生态文明教育的国家，早在 1970 年生态文明教育兴起之初就颁布了《联邦环境教育法案》并很快成为各领域生态文明教育的纲领性文件。行政手段和法律手段的权威性不仅在经济领域可以起到立竿见影的效果，在教育领域一样具有极强影响力，在政策和法律的引导下，发达国家高等院校的各类生态文明教育计划和项目迅速吸引到各界投资，资金问题得到很好解决，教育场所建设和教具供应问题便迎刃而解。

3. 实证主义特征明显

西方联邦制国家各州或自治区具有一定的立法权和教育服务功能，所以生态文明教育的地方性特色突出，研究往往建立在对具体环境问题的解决上，但难以形成一套系统的教育方案，也难以设计出一门独立的生态文明教育课程，所以虽具有明显的实证主义特征，但可控性较差。亚洲国家和地区的生态文明教育在起步阶段往往以课堂灌输为主，而生态文明教育不能脱离各种自然和社会关系存在，所以课程内容会显得空洞、抽象，难以调动学生积极性，更难以形成社会影响力。但这些国家和地区的生态文明教育在转型后都获得很好的效果，尤其是高等教育阶段的生态文明教育在进行学校教育的同时更是创造了极大社会效益，非常值得我们进行吸收借鉴。

（三）我国港台地区的生态文明教育实践发展

1. 香港生态文明教育的产生及发展

从学校教育层面来讲，生态文明教育是融入生物学和地理学之中进行教授的，在初始阶段，这类教育的形式仅限于灌输，并不注重问题意识，所以成效甚微。虽然在社会科学和自然科学领域都可以找到生态文明教育的元素，但直到 20 世纪 80 年代，香港生态文明教育的发展速度仍旧缓慢。从社会教育层面来说，在生态文明教育形成初期，香港社会出现了绿色力量、保护协会、地球之友三支强有力的生态文明教育社会团体，是香港生态文明教育的先驱。香港政府于 1989 年颁布了《香港污染白皮书》，从管理和教育的角度明确表明了政府治理污染和保护环境的决心。白皮书的颁布是香港生态环境发展的重要转折，它通过对基本环境意识的阐释和对政府最低环境支出的限定，有效刺激了人们生态意识的增强以及相关环境项目的建设，一时间，社会各界皆对生态文明教育事业慷慨解囊，民众的环境责任感骤增，争相参与到环保事业中。香港生态文明教育起步阶段最重要的事件就是 1992 年《学校生态文明教育指导方针》的出版和普及使用，它从官方立场创造性地给定了学校生态文明教育的目标和方向，此后，"环境研究"作为一门新的课程正式走入中学课堂。

香港的学校，并没有独立的生态文明教育课程，环境教育是一种跨学科教育主题，每个学科都会从自身视角对环境和人与环境的关系进行解读。在这种教育方式下，虽然无法通过考试对教育效果进行直观评定，但对学生的环境意识、消费理念、环保行为等方面产生的成效甚佳。21世纪前，香港各阶段课堂教育主要还是延续以教师为中心的集中授课模式，几乎不存在以具体环境问题为研究对象进行的实证研究，课堂上缺少游戏、讨论等环节，内容单调，加上这一阶段的生态文明教育没有考试等形式来检验教育效果，所以生态文明教育一度出现被边缘化的问题。

进入21世纪后，整个香港地区的教育模式进入转型期，生态文明教育更是有了翻天覆地的变化，从政府到教育机构再到学者，都在为教育计划制定和材料收集做着长期不懈的努力。为解决香港传统生态文明教育中受众范围过小的问题，提高全社会生态文明教育水平，教育工作者积极运用互联网等现代通信技术扩大教育影响，近20年来，香港的生态文明教育特征已逐步从"数量大"变为"质量高"，教育内容从侧重环境知识传播转变为对人们生态伦理和价值选择的引导以及对公众公共事务决策能力的提高。

香港高校的生态文明教育已成为校园文化生活和学生社会实践的重要部分。香港高校的生态文明教育得到财团和NGO的大力支持，很多课程是在非官方资本的支持下得以开设的。香港高校也在教师培训方面下了很大功夫，香港大学、香港中文大学等主要高校都给全体教师提供机会选修相关课程，而师范类专业的本科生要将环境教育作为必修课程。

就对学生的教育来看，在香港，生态文明教育是社会责任教育的一部分，每所学校都会开展"绿色计划"项目，充分利用校园里的宣传栏、广播对生态责任意识进行宣传，帮助并督促学生形成良好的公共卫生习惯。另外，每个学生都有责任参与到改善社区环境的活动中，并现身说法通过自己的努力对社区其他成员产生影响，成为生态文明社会教育工作者。比如香港城市大学将"可持续发展"作为基本理念和办学特色，以服务绿色生态城市建设作为自身回馈社会的主要方式，在能源节约、废物循环、污染控制等方面为城市环境改善做出突出贡献，香港城市大学还会面向全社会定期开展环境讲座、组织生态游活动，学生也要定期参加公园除草、海滩垃圾清理等活动，起到积极的社会影响。

2. 我国台湾地区生态文明教育实践发展

台湾官方生态文明教育始于 1987 年台湾"环保部"的成立，此后，"教育部"、"内政部"、科学委员会、农业委员会共同承担生态文明教育责任。

与多数其他国家和地区一样，台湾教育系统中也没有独立的生态文明教育部门，学校里也没有特别开设专门课程，但对教科书稍作分析就会发现，各年级的各学科课程中都有生态文明教育相关内容。台湾的师范类学校在生态教育课程拓展方面一直在做着突出贡献，它们不仅培养了一大批环境教育人才，而且在各教育阶段教材内容的编写和教育材料的收集上也始终没有松懈，对台湾环境教育体系的建立和完善有着至关重要的意义。一直以来，"循环"都是台湾生态文明教育的主题，在很多情况下，"生态教育"甚至被看作与"固体废弃物循环"同义。从整个教育体系来看，台湾的生态文明教育内容虽然不断得到丰富，实现与时俱进，但对于一些敏感环境问题、环境政策普及仍未被纳入官方教育体系，因此台湾公众在环境方面的知情权也是有限的。台湾生态文明教育的重点在于基础教育阶段，而层次越高生态文明教育的边缘化程度也越高。

从教师培训环节来看，生态文明教育教师的岗前培训课程和教育基地主要在台湾的 12 所师范类学校开展和设立，由教育部授权和管理。到 20 世纪末，教师培训方式仅限于课程教育，缺少置身自然的全身心的环境教育条件，而且生态教育课程在多数学校中仅为选修课，甚至只面向数学等自然科学教育专业开设，普及程度较低。21 世纪以来，教师培训方式发生了转变，培训主要场所从教室转向户外，教育工作者可以在自然界和社会服务中逐步感受到人类社会和自然界发展的同步性，领略生态教育的基本精神，形成适应台湾社会现状的教育理念，在实践中很好地丰富了其教育素材、激发了其创新能力。

从社会教育方面来看，台湾的公园、自然中心以及博物馆都在支持环境教育方面表现出很大积极性，公园和自然中心定期举办的讲座服务和自然追踪活动为公众提供了更好地了解自然环境的机会，这类活动的长期持续开展给台湾带来了极大地社会效益，人们在资源循环利用、垃圾清理、古树和文物保护方面都产生很大热情并形成良好自觉性。

台湾有 100 多个致力于提高公民生态化生活素养的 NGO，例如家庭主妇联盟通过徒步旅行的方式来鼓励主妇了解自然环境和人类活动对自然产生的影响；鸟类协会会定期举办观鸟活动、夏令营，以及各种各样的课程来帮助公众了解野生动物。毫不夸张地说，与政府相比台湾地区的非政府组织在环境教育方面做出的贡献要大得多。

台湾在 1993 年成立了"中华民国环境教育学会"，从事环境教育研究实施、理论探讨、教育活动开展，并以加强国内外各环境教育咨询交流与联络，落实政府机关及民间组织的环境教育整合为宗旨。该协会已有会员过千人，每年举办的国际环境教育论坛已经发展为全世界最具影响力的环境教育论坛，与台湾地区其他环境类非政府组织相比，该协会最大的特征在于其极强的学术性，该协会产生的研究成果主要从宏观视角解读社会环境和自然环境存在的问题，而不仅限于垃圾回收处理、节约用水等具体习惯的培养。

在过去的 20 年里，台湾科学协会出台了多项计划来促进生态文明教育有效策略的形成、征求适当途径提高学校生态文明教育效率。这些计划分为正式和非正式两种形式，其中正式教育计划包括生态教育概念研究、生态价值教育策略、生态行为教育、生态素养教育、教师岗前培训模式、在岗教师培训模式以及户外教育等。而非正式教育计划包括应用于各类社团和组织的有效生态文明教育模型构建、针对工业和商业领域的生态文明培训项目建设、有效的教育媒体覆盖等。

1996 年，台湾进行了教育改革，主要寄希望于通过基础研究的发展提升生态文明教育项目的有效性。学者们普遍认可生态文明教育的跨学科性，为实现最终教育目标，需要提出更有效的教育策略，在生态教育领域倡导以"绿色计划"来代替课程更新，有些学者称之为"跨学科方法"，另外一些学者称之为"连贯性方法"。改革成效显著，目前台湾的生态文明教育已成功实现了生态教育系统化，户外实践教育也得到充分重视。改革的另一成效在于有效提升了台湾民众的环境责任意识，生态教育已成为公众行为，每个公民都能在生态责任感的驱动下进行互相监督。台湾公民强烈的生态责任意识使他们不仅保护好了自己热爱的家园，并赋予他们极大的热情投入全世界环境的改善工作当中，作为中华民族不可缺少的一部分，在难以割舍的骨肉亲情的驱使下近几年越来越多的台湾民众自愿来到大陆从事环境教育和改良工作，例如，台湾东吴大学的郭中一教授 2004 年起放弃台湾优越的生活条件和薪资待遇，回到老家安徽从事荒山治理工作，历经十几年的辛勤劳作，通过种香草已成功将合肥东郊 50 公里外的肥西县铭传小团山从一座沉寂的小山变为东方普罗旺斯，在环境改善的同时，也有效带动了周边经济的发展，现在，小团山从香草种植到加工到销售已形成一条完整的、集约化产业链，2013 年，小团山发展生态旅游，刺激了香料作物的销售，很快使村民走上致富道路。但吴教授并未将生态事业止步于此，他指导并鼓励村民以香料庄园为依托开发鱼塘养鱼，这样鱼塘中的淤泥自然成为香料肥料，而干枯的香草枝叶也可以作为鱼食，很好地利用了循环理念。

当然，大陆生态文明教育工作进程较慢，公众生态意识较落后，如果教育方法不科学也会引起一些冲突事件，比如 2015 年初发生的台湾夫妇到大陆进行垃圾分类教育受排挤的事件，就没有起到理想教育效果。

第三章 大学生生态文明教育存在的突出问题及成因探析

一 大学生生态文明教育实践发展

（一）第一阶段：可持续发展的需要与科学发展观教育

党的十六届三中全会在全面建设小康社会宏伟目标的基础上提出"坚持以人为本，树立全面、协调、可持续发展，以促进经济社会和人的全面发展"的可持续发展观。科学发展观是改革开放 20 多年后，中国共产党面对人口、经济、社会、环境、资源之间的矛盾以及城乡、地区、居民收入差距等广泛而复杂的社会问题，集思广益、广开言路、千锤百炼形成的真正体现时代精神的马克思主义理论精华。从本质上讲，科学发展观是一种发展哲学，是关于发展的科学世界观和方法论，其形成过程有赖于坚实而丰富的理论基础为导向、现实而迫切的国内外发展背景为支撑。

人是具有自然属性和社会属性的特殊客观存在物，在人的双重属性中，虽然社会属性相对活跃，但人作为有生命的客观存在首先是自然人，是生物进化的美好成果。顺应自然、感受自然、关爱自然，从自然中汲取能量和愉悦感是深埋在人类本性中的对自然的固有依赖。人类在西方中心主义和工业化背景下形成的激进、贪婪的消费和发展模式使地球表面千疮百孔、乌烟瘴气，给环境带来了难以承受之痛，而这种痛映射到人类社会内部呈现一系列发展问题，不得不引发人类对环境与发展关系问题的反思。20 世纪 70 年代，国际社会出于对环境与发展问题进行调和的迫切需要开展了多方调研与讨论，最终形成可持续发展概念。

1980 年，国际自然资源保护同盟发布了《世界自然保护大纲》，成为全球第一个使用"可持续发展"一词的国际文件。在这一文件中"可持续发展"一词仅限于对物种生态系统的发展预期，之后的近 10 年时间里一些发达国家出版的环境专著和国际性环境组织出版的刊物中也多次出现"可持续发展"概念，并逐渐将"可持续发展"视野扩展到经济、政治、社会领域。1992 年，联合国环境与发展大会制定了全球《21 世纪议程》对"可持续发展"概念进行了系统阐释。该议程最突出的意义就是将环境政策与经济和社会活动结合起来进行考察，倡导将环境因素纳入决策过程。虽然是针对环境问题形成的文件，但《21 世纪议程》开篇就在阐释经济和社会方面的政策导向，在 40 章的内容中始终贯穿着提高全球范围内资源分配公平性和转变生产、消费方式的理念，试图从社会结构中找到环境问题的根源，通过对社会问题的处理缓解环境压力，并把环境状况作为测量社会结构是否合理的标尺，将环境问题的解决和贫穷、健康等社会问题的解决视为一个同步的过程。

《21 世纪议程》颁布后，各国根据自身国情对其进行了不同的解读，并形成各具特色的环境和发展政策。总体来看，发达国家的相关政策多强调环境保护，而发展中国家始终坚持将发展作为解决一切问题的前提。根据全球《21 世纪议程》基本精神，我国也在 1994 年 3 月颁布了《中国 21 世纪议程》，系统阐述了经济可持续和社会可持续的问题，提出走向可持续发展的政策和行动措施。之后，我国针对环境与发展问题又颁布了其他几个具有代表性的政策体系。2003 年，以胡锦涛同志为核心的党中央提出了科学发展观，使党的发展理论在实践和借鉴的基础上实现了新飞跃。随即，科学发展观被纳入"毛泽东思想、邓小平理论和'三个代表'重要思想概论"课程，成为高等院校思想政治教育基础理论课程中的重要内容。

科学发展观的提出对思想政治教育的发展从理念和内容上都产生了一定影响。从思想政治教育发展理念上看，科学发展观给高校思想政治教育提供了新的哲学视域。"以人为本，全面、协调、可持续发展"是科学发展观的内容和基本要求，但并不是科学发展观本身，其精髓在于建立宏观思维方式和决策体制，放眼全局，平衡各方需求，实现整个社会的协调运作。科学发展观开创了马克思主义理论发展的新境界，思想政治教育以马克思主义为理论基础，因而科学发展观提出后，高校思想政治教育便开始领会其精神、植入其灵魂，积极转变教育理念、调整教育内容，努力将平衡、协调、以人为本的发展原则融入教育全过程。

"以人为本"是社会主义国家对可持续发展要求的独特解读，是马克思主义人的全面发展理论对时代要求的适应性创新。科学发展观提出后，"以人为本"的要求给了思想政治教育方法创新、环境优化、结构调整等方面很大启发。思想政治教育视野下的"以人为本"并不是单纯满足人的各种欲望和需要，而是坚持人既是发展成果的享受者也是发展的决定力量，人既需要发展带来的福利提高生活质量，也要承担发展责任，这样才既能创造出树立人的主体地位的外界条件也能培养其个人树立主体地位的能力。从思想政治教育的角度来讲，"以人为本"原则的应用首先体现在对受教育者主体地位的尊重上，传统的思想政治教育重灌输、轻实践和对话，在"以人为本"理念引入后，个性化教育开始被关注，现代思想政治教育试图建立在教育者和受教育者互相尊重的情感基础上，两者作为对话双方首先要认识到对方是有个性、有独立人格、有尊严的感情丰富的人，从而形成交流和互相接受的意愿。另外，受教育者的发展需要逐渐受到重视，传统思想政治教育往往陷入片面强调社会发展需要的泥沼，而忽视受教育者的个体需要。但人的需要有高级和低级之分，如果不对其进行适当引导便会在思想道德领域出现"劣币驱逐良币"现象，导致阳春白雪曲高和寡，下里巴人道近易从，长此以往，思想政治教育必将脱离马克思主义思想轨迹，造成意识形态领域的混乱。而实际上，思想政治教育的合法性和有效性的实现恰恰体现在它是否能得到群众的拥护，所以"以人为本"的思想政治教育应该是既反映群众立场又适当高于大众认知，能传递正能量创造和谐社会氛围的教育。另外，思想政治教育对科学发展观中"以人为本"原则的应用还体现在对人的全面发展的强调，所以对于高等教育中出现的学生重专业课程学习，轻通识课程学习，重技能发展，轻人文素养提升的现象，思想政治教育是对其进行的有力补充和改善。思想政治教育的目的是帮助大学生树立正确的世界观、人生观、价值观，在加强爱国主义教育、集体主义教育、社会主义教育的同时，思想政治教育始终贯穿着拼搏奉献、诚实守信、友好协作的精神，推动各类人才的全面发展。

科学发展观一出台即作为马克思主义中国化的理论成果成为"毛泽东思想和中国特色社会主义理论体系概论"的重要内容。在市场经济条件下，人们在片面追求物质利益的同时，世界观和价值观都出现了分化，而物质文明和精神文明的发展本应是一个协同的过程，但进入21世纪以来，二者在步调上出现了严重的不一致。邓小平同志曾强调"要两手抓，一手抓改革开放，一手抓严厉打击经济犯罪，包括抓思想政治工作。"① 要落实科学发展观，首先要让人们理解科学发展观，而思想政治教育作为促进社会和谐的重要手段，是在高校传播科学发展观的最有力途径，如果思想政治教育对违背自然规律的开发甚至掠夺行为避而不谈，不能果断表明立场，那么学生更会对不良行为和风气见惯不怪、习以为常。科学发展观对思想政治教育内容的影响体现在建设社会主义市场经济体制方面，科学发展观指导下的社会主义市场经济要求转变经济发展方式，走新型工业化道路、统筹区域发展、建设资源节约型环境友好型社会，总体来讲就是要统筹兼顾、协调发展。

（二）第二阶段：资源环境问题的凸显与"两型社会"建设教育

进入 21 世纪后，我国经济增长势头依旧旺盛，但生态环境问题逐渐进入公众视野，从大范围的水污染到华北地区沙尘暴肆虐，环境问题开始成为人们日常的谈资。为迎接 2008 年北京奥运会的到来，社会各界对环境问题的关注程度提高，在科学发展观的指导下，国家开始加大环境治理力度，但环境问题形势依然严峻，对经济社会发展形成很大制约。到 2007 年我国生态赤字区域已扩大到 26 个省、自治区、市，水土流失面积占到国土总面积的 37.8%，耕地面积和质量都大幅退化，森林病虫害发生面积共 1257 万公顷。实际上，我国幅员辽阔、资源总量丰富，但一直以来生产和消费理念较为落后，浪费现象严重，同样是创造 1 美元的 GDP 我国所使用的资源大约为发达国家的 4~10 倍。仅从 2007 年的铝土矿回采率来看，仅为 40%，而发达国家正常水平为 80%，资源浪费的主要原因一方面在于企业生产工艺落后，更重要的是劳动者缺乏节约意识，国家相关政策法规不够健全。从消费层面来讲，人们收

---

① 《邓小平文选》（第三卷），人民出版社，1993，第 306 页。

入的大幅提高以及科技发展的突飞猛进带来了空前丰富的消费品，导致人们欲望的膨胀，过度消费现象骤增，且相伴而来的是堆积如山的生产生活垃圾的处理问题。在传统粗放型发展模式下，不仅我国国内资源不足以补给，即使在每年大量进口原油的情况下，资源依旧供不应求，因而进入21世纪后，我国的资源消耗和环境污染问题甚至已经给其他国家带来压力，成为我国外交环境中又一不利因素。针对经济社会发展的资源和环境约束，温家宝总理曾在《关于制定"十一五"规划建议的说明》中指出要继续坚持以科学发观统领经济社会发展全局，要"着力提高资源利用效率、降低物质消耗、保护生态环境，坚持节约发展、清洁发展、安全发展，实现可持续发展"。[1] 十六届五中全会首次把建设资源节约型和环境友好型社会确定为国民经济与社会发展中长期规划的一项战略任务。2007年，国家发改委批准武汉城市圈和长株潭城市群为全国资源节约型和环境友好型社会建设综合配套改革试验区，"两型社会"建设开始从理论走向实践。

2010年版《毛泽东思想和中国特色社会主义理论体系概论》增添"建设资源节约型、环境友好型社会"内容，作为促进国民经济又好又快发展的又一方面。从各国的环境教育内容来看，都出现过节约和循环利用资源以及保护环境的相关内容，但只有我国将两者并列一同置于发展战略高度。从思想政治教育角度来讲，"两型社会"教育实质上都是要求人们做到自身实践活动与自然生态系统的发展相协调，根本目标还是实现经济社会和自然界的可持续发展，所以，从内容上来看是科学发展观的具体化和深化发展。从概念上来讲，资源和环境是有一定程度交叉的。首先，自然资源作为人类之外的自然存在物是可以被视为环境的

---

① http://news.sina.com.cn/c/2005-10-19/18127211058s.shtml.

一部分，森林、河流、阳光、风都是人类生存不可或缺的自然环境，但在讨论使用价值和交换价值时它们就变成了资源。资源实际上是一个经济学概念，可以被人类社会生产所使用的自然存在物才能称为资源，而无法作为人类活动对象的同类存在物是不具备经济效益的，即不被考虑为资源，例如海水和淡水同样都是水，淡水是生产和生活的必需品，而单纯的海水的利用价值极低，因此一般只把淡水称为资源。环境往往是指人们生存的场所，是各种有机和无机要素的统称，它可以为人类生存发展提供支持、供给、调节、文化等服务。所谓资源节约型社会是以提高资源开发利用率为基本原则，"以尽可能少的资源消耗获得最大的经济效益、社会效益和生态效益的社会，也就是人与资源和谐的社会，即人类节约高效开发利用保护资源、资源能够支撑人类社会经济可持续发展的社会"。① 而环境友好型社会"也就是人与环境和谐的社会，即人类保护改善优化环境、环境能够支撑人类社会经济可持续发展的社会"。② 大学生思想政治教育中对"两型社会"内容的补充反映了党的十七大前后资源环境的现实问题，体现了思想政治教育的实践性。这一内容的补充呈现了一个更加具体的科学发展目标和城市建设模式，是面对社会主义建设瓶颈对马克思主义环境伦理的独特解释，对合理、健康的社会主义市场经济秩序的建立提出了新的标准。大学生终将走上社会成为劳动主体，对他们进行"两型社会"建设理念教育，在大学阶段给他们播下节能环保的种子，才能使节约资源、保护环境的思维之树在他们的思想和行为体系中长成参天之树，用舒适、和谐的荫蔽引导他们毕业后的工作和生活。

---

① 简新华、叶林：《论中国的"两型社会"建设》，《学术月刊》2009 年第 3 期，第 66 页。
② 简新华、叶林：《论中国的"两型社会"建设》，《学术月刊》2009 年第 3 期，第 66 页。

（三）第三阶段:"五位一体"建设中国特色社会主义的背景与生态文明教育

2013 年的《毛泽东思想和中国特色社会主义理论体系概论》教材在修订时特别加入了"建设社会主义生态文明"的内容,从建设社会主义生态文明的总体要求、树立生态文明理念、坚持节约资源和保护环境的基本国策三方面构建教育内容,虽然各部分内容在丰富性上仍旧存在补充空间,但结构设计较完整,既反映了思想政治教育的意识形态性,又体现了生态文明教育的基本要求,同时还能满足大学生生态文明素养的发展需要。

胡锦涛同志曾提出"要在全社会大力进行生态文明教育,牢固树立生态文明观念",凸显了生态文明教育对生态文明社会建设的重要性。党的十八大提出"五位一体"建设中国特色社会主义的战略方针,生态文明建设自此成为社会主义建设的重要方面,与经济、政治、文化、社会建设平行。2013 年 5 月,习近平总书记在主持十八届中央政治局第六次集体学习时的讲话中提出"要加强生态文明宣传教育,增强全民节约意识、环保意识、生态意识,营造爱护生态环境的良好风气"。[1] 加强生态文明教育工作显得更加紧迫。实际上在 20 世纪末全球范围内生态文明教育热潮的带动下,我国已制定了一些相关教育政策,并付诸实践。但从高等教育内容来看,生态文明教育主要限于环境理论教育,且仅在环境类相关专业内开展,多数学生难以在高等教育阶段接触到这类知识。从理论层次来看,高等教育中的生态文明相关教育仅停留在环境教育层面,没有提高到文明理念的层次。生态文明教育与高等教育的结合应有效利用高等教育已有资源,提高生态文明教育的层次。

---

[1] 国务院新闻办公室会同中央文献研究室、中国外文局:《习近平谈治国理政》,外文出版社,2014,第 210 页。

生态文明教育与思想政治教育相结合就应充分利用思想政治教育已有理论资源和平台，将"思想道德修养与法律基础""马克思主义基本原理""中国近代史纲要""毛泽东思想和中国特色社会主义理论体系概论"四门课程中的生态文明教育资源进行进一步挖掘和优化组合。就2015年修订后的教材来看，生态文明教育虽已有了独立的一节，但内容安排仍不够紧凑和系统化，没能对四门课程中的所有相关内容进行合理整合，课程中的生态文明教育内容依旧分散，例如，"思想道德修养与法律基础"课程中虽然有人际和种际道德教育内容，但并没有直接对生态价值观进行介绍和阐释，而缺少生态伦理的道德体系在"五位一体"建设中国特色社会主义的背景下已是不完整的了，另外，"马克思主义基本原理"和"毛泽东思想和中国特色社会主义理论体系概论"课程中也有一些与生态文明相关内容，但都停留在现象或政策本身，并未深入生态文明层面，这无疑是对已有资源的浪费。

高校思想政治教育并不是单指思想政治教育理论课本身，而是一个包含各种政工干部、政工单位以及校园文化建设在内的全局性系统。所以思想政治教育视野下的生态文明教育也应借助这些资源进行引导、宣传，将生态文明教育与法制教育、廉政教育、道德教育等放到相同位置甚至更突出的位置加以重视，从而增强教育效果，提高教育效率。

二　大学生生态文明教育实证研究与分析

（一）实证研究设计

1. 研究需要解决的问题

这部分研究的目的，第一，通过量表和问卷调查了解大学生对社会主义生态文明建设所要求的生态伦理、生态行为的认同和践行情况以及对生态常识和相关法律知识的了解情况。第二，了解高校生态文明教育在思政课堂教育和实践教育方面的实施情况。第三，这部分研究还涉及了对在校生中学阶段接受环境教育情况的调查，试图摸清基础教育对高校生态文明教育效率的影响。

2. 研究样本介绍

本书的研究样本选自全国 5 所综合性大学，既有"985"和"211"重点院校也有普通公办和民办院校。样本为 500 名大一到大四学生，量表和问卷发放 500 份，收回 486 份，回收率 97.2%。其中大一学生占 20.1%，大二学生占 16.7%，大三学生占 25%，大四学生占 38.2%。文史哲类学生占 42.2%，理工管类学生占 55.7%，艺术和体育类学生占 2.1%。

（二）量表调查的设计与统计分析

"人的本质是一切社会关系的总和"，社会性存在方式决定了人要通过学习知识和技能来实现从自然人到社会人的转化，而思想政治教育正是协调人的社会化需要和社会自身有序发展需要的有力杠杆，换言之，在当前背景下，思想政治教育必须为社会主义建设和人的全面发展服务。大学生思想政治教育作为思想政治教育的重要方面，既是大学生崇高道德品质的孵化器，又是其思想意识变化的晴雨表，教育效果的好坏会直接影响到其自身价值体系的构建和政治立场的选择。而思想政治教育效果和教育目的的实现很大程度上取决于教育内容与受教育者接受意愿的协同程度，这就要求教育者准确把握受教育者的认知条件和认知规律。从教育心理学的角度来讲，个体是在与周围其他人的不断交流中、与环境的相互作用中形成的认知，语言是认知的最重要工具，因此语言的社会性决定了认知的社会属性。"人格、情绪、认知和思维并非个体的内部存在，而是社会生活中人际互动和话语建构的结果。"知识作为一种稳定的内部认知，其形成过程一直存在争议：行为主义学派认为对学习过程的研究应以人的行为而不是意识作为研究对象，从行为反推刺激行为的要素；人本主义学派认为，学习的过程是学生"潜能"的自我实现，受限于教育者在接受知识之前已在自身经验基础上形成了的概念框架，教育者的主要责任在于激发和引导而不是灌输。受后现代主义思潮的影响，教育心理学家开始对学习和教育的社会文化因素产生关注，越来越意识到在教育心理学研究中应以实践为依据，贯穿文化论原则，克服了行为主义和人本主义都没有避开的二元论弊端。教育效果的好坏主要取决于教育过程是否符合社会环境需要，从而适应受教育者已有经验体系并对其进行优化。思想政治教育的阶级性和社会性决定了它"必须体现时代要求，倡导社会主流意识形态"，而高校思想政治教育要与当代年轻人的价值理念相衔接，与其心理发展规律相适应，并关照其特有的话语体系，从而确保思想政治教育所传递的思想认识内化为受教育者稳定的内在认知，并进一步形成良好素质。

1. 量表设计

量表作为一种定量研究工具，主要用于测量调查对象对某些问题的态度、意见、看法等主观情感，主观感受的不稳定性决定了量表需要具有较高的一致性才能准确反映规律。目前学术界已出现的生态文明教育相关调研，主要以问卷为测量工具，且调查范围多限于某所高校或某个年级，调研问题数量都在 50 以内，每个调研都仅有一到两个侧重点，不管是样本选取还是问题设计都有很大局限性，所以这一领域还没有可以直接用来借鉴的理想量表。

笔者在中国知网上以"大学生生态文明教育"为关键词，对近10年来的核心期刊文献进行检索，共得到23篇论文，以"生态伦理教育"为关键词进行检索，得到论文15篇，以"生态行为"为关键词进行检索，得到论文25篇。在前期研究中，笔者浏览近5年来生态文明建设相关专著20余本，专门对学者们的生态伦理观念以及生态文明建设对公民行为要求等内容进行归纳总结，在参阅这些文献的基础上，笔者挑选出具有代表性且出现频率高的相关观点百余条。后按照大学生思政基础理论课所倡导的观点和立场对这些项目进行剔除，另选取20名学生座谈，并咨询相关专家，最终将观点缩减到43条，形成量表。

从近几年生态伦理教育研究维度上看，国内外学者主要从人地关系、消费理念、环境与增长的关系以及环境正义四个方面阐述观点。在人地关系问题上，近10年来国内理论界在人类中心主义和非人类中心主义立场上争论不断，随着我国环境问题对政策压力的持续加大以及环境建设理论体系的不断完善，非人类中心主义在争论中逐渐从弱势变强，自然和其他生物的内在价值得到越来越广泛的认可；从消费理念来看，在中央八项规定的制约和导向下，在全球极简生活风潮的影响下，人们的消费观逐渐成熟，消费需求多元化趋势明显；从环境与经济发展的关系看，经济利益至上的发展观已被淘汰，节约资源、保护环境，转变经济发展方式已是大势所趋；对环境正义问题的关注可以分为国际和国内两个视角，国际视角强调对发展中国家发展权的保护，国内视角关注贫困地区的环保工作，但无论国际还是国内视角其主旨都是保障弱势群体的健康和发展权。所以笔者生态伦理量表中项目的设计也主要从这四方面展开。

对生态行为的约束控制在特定生态伦理框架下，如上文所述，目前学术界对很多生态伦理问题仍存在争议，所以对生态行为的讨论和研究还是很有限的。笔者对生态行为项目的设计也是在遵循大学生思政课程中生态文明教育相关原则的基础上，参阅已有文献总结得来，主要涉及以下三方面：公共卫生习惯、生态消费行为、环保活动参与情况。

量表采用莱科特计分方法，按照认同程度从 1 到 5 计分，5 为"非常认同"，4 为"基本认同"，3 为"认同"，2 为"基本不认同"，1 为"非常不认同"。

2. 量表信度分析和因子分析

本文使用 SPSS20 进行统计分析，为保证研究工具的可靠性，在进行调研前先对量表信度即一致性进行检验。笔者将生态伦理量表和生态行为量表合二为一，选取 150 名学生填写量表，输入数据后对整个量表的 Cronbach's Alpha 系数进行检验，得到 Cronbach's Alpha 系数为 0.822，介于 0.734~0.910，说明量表信度较高。

采用主成分分析对量表数据进行了因子提取，主成分分析通常被用来"寻找判断某种事物或现象的综合指标，并且给这一综合指标所包含的信息以适当的解释，从而更加深刻地揭示事物的内在规律"。[1] 通过主成分提取和最大方差旋转在最大迭代 25 次后收敛，得到 KMO 值为 0.814>0.8，表明观测变量适合做因子分析，Bartlett 球形检验结果为 5018.651，结果显著，$p = 0 < 0.05$，说明样本大小达到要求，所得数据适合做因子分析。旋转后抽取 5 个特征值大于 1 的主成分，累计可解释 72.194% 的变异。主成分分析结果见表 1。

---

① 骆方、刘红云、黄崑：《SPSS 数据统计与分析》，清华大学出版社，2011，第 152 页。

表 1 主成分分析结果

编号	项目	主成分 1	主成分 2	主成分 3	主成分 4	主成分 5
1	人应当尊重自然	0.743				
2	取物不尽物,取物以顺时	0.711				
3	享用环境权利和承担环境保护义务是统一的	0.700				
4	消费水平的高低不是衡量一个人贵贱、荣辱的价值尺度	0.699				
5	所有主体都应拥有平等的享用环境资源、清洁环境而不遭受资源限制和不利环境伤害的权利	0.694				
6	整个生态系统是一个整体,人类经济系统只是生态系统的一个子系统	0.683				
7	亲亲而仁民,仁民而爱物	0.677				
8	花草树木、山川河流和其他生灵都是有独立于人的内在价值的	0.674				
9	应该用系统整体的观念代替机械的单向思维,用健全的价值观取代狭隘的功利主义	0.672				
10	充实、丰富的精神生活是更高的生活追求	0.665				
11	过度砍伐、杀害动植物是不尊重生命价值的表现	0.654				
12	将污染向弱势群体居住区进行转移是不正确的	0.653				
13	制节谨度,满而不溢	0.651				
14	人类开发利用自然资源的程度必须在生态环境的承载能力范围之内					0.646
15	不应崇尚奢侈品消费	0.645				
16	人类在实现自身利益的同时应加强对自然生态系统的尊重与保护,在追求个人利益的同时,对他人也承担相应的生态道德责任	0.644				
17	明确自己的欲望和需求,不买不需要的物品	0.618				
18	珍稀动物皮毛制品可以显示高贵身份和社会地位	-0.614				

续表

编号	项目	主成分 1	主成分 2	主成分 3	主成分 4	主成分 5
19	君子之于禽兽也,见其生,不忍见其死	0.610				
20	饮食有节,起居有常	0.610				
21	草木零落,然后入山林。昆虫未蛰,不以火田。不麛,不卵,不杀胎,不殀夭,不覆巢	0.609				
22	为满足味觉享受可以食用珍稀动植物	-0.604				
23	宁要绿水青山,不要金山银山	0.592				
24	经济利益至高无上	-0.591				
25	使用完公共卫生间冲水冲干净		0.587			
26	绝不以牺牲环境为代价去换取一时的经济增长	0.583				
27	天行有常,不为尧存,不为桀亡:应之以治则吉,应之以乱则凶	0.568				
28	质于爱民以下,至于鸟兽昆虫莫不爱,不爱,奚足谓仁	0.563				
29	物质满足可以作为炫耀的资本	-0.550				
30	经济效益不是检验经济和社会发展水平的唯一标准	0.548				
31	高质量的生活的关键并不是物质上得到充分满足	0.523				
32	在教室、图书馆等公共场所弄脏环境会主动清理干净再离开	0.514				
33	不喜欢并没购买过皮草制品	0.470				
34	人类是世界的中心,个人利益才是人们进行价值选择的依据		-0.427			
35	不喜欢奢侈品	0.438				
36	对环境的任何改变对人自身都有反作用	0.402				
37	不会购买并食用珍稀动物			0.678		
38	养心莫善于寡欲		0.401			
39	购物时自带塑料袋或布袋		0.651			
40	见到室内吸烟行为会主动举报		0.587			
41	碰到自来水流失现象主动向相关单位反映		0.586			
42	参与过环保宣传活动		0.551			
43	丢弃垃圾时注意分类		0.494			

131

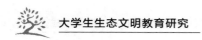

续表

编号	项目	主成分1	主成分2	主成分3	主成分4	主成分5
44	见到破坏环境的行为会及时制止		0.449			
45	学校组织过讲座、参观、社区服务等环境类公益活动		0.445			
46	不使用一次性餐具		0.442			
47	世界各国都应为保护环境减缓或放弃经济增长					
48	花草树木、山川河流和其他生灵要被人类使用才会实现价值					
49	会通过购买价位高的商品来显示自己的品位					
50	一个社会中,拥有资源最多者通常也应付出最多			0.483		
51	我们所面临的问题是要把社会觉悟从人延伸到土地			0.477		
52	志闲少欲,心安神宁	0.433				
53	经济活动的驱动力是对经济利益以及物质利益的追求					
54	愿意做或做过环境志愿者					
55	自然资源是有限的,废弃物污染是无限的,人类必须克制自己的欲求,循环利用资源,合理处置废弃物					0.506
56	人与自然是不可分割的系统与整体					0.440
57	手机、电脑等电子产品都是等到坏了再换新的				0.466	
58	碰到喜欢的衣服、鞋子就会买				0.445	
59	自行打扫宿舍卫生、清理宿舍垃圾					
60	发达国家应比发展中国家承担更多生态责任					
61	有意识使用节能产品					
62	不需要的衣服、鞋子即使喜欢也不会买			0.543		
63	环境生态系统的稳定和健全的价值高于我们从自然界中获得的利益	0.415				

分析表 1 可以看出 63 个项目分别聚合在 5 个主要因子中，因子一和因子三反映"生态态度"，因子二反映"日常生活习惯"，因子四反映"消费观和消费行为"，因子五反映"人类行为与自然关系"，5 个因子与量表设计框架基本一致。

3. 量表调研与统计

量表回收后将调查结果输入 SPSS26.0，分别对数据进行了均值分析和多元回归分析，以得出学生对量表中所列举的生态伦理理念和行为的总体认同度，以及变量间关系。

均值和标准差作为最常见的描述性分析指标，可以反映出被调查者对观点的总体认同情况和样本离散度。表 1 为生态伦理量表中各项目的均值和标准差，其中有 38 个正向项目，7、22、18、24、36、29、49、58 为 7 个迷惑性反向项目。由表 1 可以分析出大学生对生态伦理认同的总体特征如下。

（1）关爱自然，关爱生命。从计量结果来看，项目 1、2、3、23 的总体均值>4，而标准差<1，数据离散程度较小，说明样本对这些观点的认同度较高，可见多数学生具有博爱精神，对自然界、其他生物以及弱势群体都具有鲜明的热爱、喜爱、关爱之情，能够认识到其他自然存在物的内在价值，并加以尊重。这一特征说明当代大学生是善良、向上、情感丰富的可爱群体，他们具备一定的环境责任感和宏观认知能力，对生态环境的改善有着美好的向往。

（2）顺应自然、尊重规律。2、12、21 等项目描述的都是对自然规律的认同和遵循的态度，这类项目也呈现总体均值高而标准差较小的特点，因而可以推断出多数大学生已经认识到顺应自然、尊重自然规律的重要性，要把人类的开发和使用行为控制在一定限度内以实现可持续发展。从项目 25、42 可以看出，绝大多数学生都能认识到节约和循环利用资源的重要性。

（3）对环境与发展问题的关系不十分明确。项目 15、16、20 的均值虽然较高，但标准差也较高，说明数据离散程度较大。而项目 14 和 19 这样的反向项目均值处于中等水平，像项目 15 这样的国家领导人明确倡导的观点也仅有 45.6% 的被调查者表示非常赞同。可见，当经济效益和环境利益相冲突时，学生很难坚持保护环境的立场，这一方面说明学生们有坚持发展经济、积累更多社会财富的意识，另一方面也说明他们的发展意识停留在重经济增长、轻环境保护的片面发展阶段，反映出生态文明教育的滞后性。

（4）对生态公平问题存在疑惑。从项目 22、23 的数据可以明显看出学生对于环境权益和环境义务对等的认知比较缺乏，没有建立起环境公平意识。从国际视角来看，不能理性站在发展中国家立场从国际视角认识生态公平问题。这一现象既体现了生态文明教育存在的缺口，也从侧面反映出法治意识教育的不足。

（5）消费观总体健康但不成熟。在消费观方面，正向项目的均值都较大，反向项目均值较小，说明多数被调查者都是反对奢侈消费或反对为满足奢侈消费欲望而破坏生态平衡的行为。但这些项目的标准差也都相对较大，说明部分被调查者选取中间选项，立场并不明确。另外，在物质消费和精神消费关系的问题上，精神消费并没有得到充分重视，调查结果仍能反映出学生中存在的拜金主义风气，说明在消费问题上学生持有节制和适度的基本态度，但尚未形成系统、成熟的消费观，对于消费的目的和意义等问题没有思考或答案，因而表现出困惑状态。

表 2 为生态伦理量表中各项目的均值和标准差，主要考察大学生的公共卫生习惯、生态消费行为以及环保活动参与情况。从这两个指标来看，大学生对生态行为的践行情况并不理想。第一，就公共卫生习惯来

表 2　生态伦理量表均值和标准差

	项目	均值	标准差
1	人与自然是不可分割的系统与整体	4.757	0.602
2	人应当认识自然、尊重自然、善待自然、保护自然，与自然相和谐	4.527	0.795
3	过度砍伐、杀害动植物是不尊重生命价值的表现	4.514	0.892
4	对环境的任何改变对人自身都有反作用	3.872	1.174
5	应该用系统整体的观念代替机械的单向思维，用健全的价值观念取代狭隘的功利主义	4.196	1.079
6	花草树木、山川河流和其他生灵都是有独立于人的内在价值的	4.189	1.090
7	花草树木、山川河流和其他生灵要被人类使用才会实现价值	2.662	1.545
8	我们所面临的问题是要把社会觉悟从人延伸到土地	3.810	1.112
9	草木零落，然后入山林。昆虫未蛰，不以火田。不麛，不卵，不杀胎，不殀夭，不覆巢	3.905	1.133
10	饮食有节，起居有常	4.351	0.887
11	志闲少欲，心安神宁	3.987	1.037
12	天行有常，不为尧存，不为桀亡:应之以治则吉，应之以乱则凶	4.149	0.978
13	人类是世界的中心，个人利益才是人们进行价值选择的依据	2.432	1.481
14	环境和生态系统的稳定和健全的价值高于我们从自然界中获得的利益	3.973	1.178
15	宁要绿水青山，不要金山银山	4.088	1.003
16	绝不以牺牲环境为代价去换取一时的经济增长	4.007	1.243
17	整个生态系统是一个整体，人类经济系统只是生态系统的一个子系统	4.041	1.243
18	经济利益至高无上	2.135	1.364
19	经济活动的驱动力是对经济利益以及物质利益的追求	3.142	1.294
20	经济效益不是检验经济和社会发展水平的唯一标准	4.027	1.137
21	人类开发利用自然资源的程度必须在生态环境的承载能力范围之内	4.284	1.082
22	制节谨度，满而不溢	4.270	1.092
23	亲亲而仁民，仁民而爱物	4.237	0.985
24	取物不尽物，取物以顺时	4.277	1.105
25	自然资源是有限的，废弃物污染是无限的，人类必须克制自己的欲求，循环利用资源，合理处置废弃物	4.729	0.578
26	发达国家应比发展中国家承担更多生态责任	3.689	1.223
27	质于爱民以下，至于鸟兽昆虫莫不爱，不爱，奚足谓仁	4.149	1.026
28	君子之于禽兽也，见其生，不忍见其死	4.155	1.008

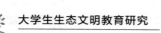

续表

	项目	均值	标准差
29	所有主体都应拥有平等的享用环境资源、清洁环境而不遭受资源限制和不利环境伤害的权利	4.162	1.076
30	享用环境权利和承担环境保护义务是统一的	4.300	1.007
31	将污染向弱势群体居住区进行转移是不正确的	4.406	0.946
32	一个社会中,拥有资源最多者通常也应付出最多	3.824	1.194
33	世界各国都应为保护环境减缓或放弃经济增长	3.182	1.240
34	人类在实现自身利益的同时应加强对自然生态系统的尊重与保护,在追求个人利益的同时,对他人也承担相应的生态道德责任	4.399	0.917
35	消费水平的高低不是衡量一个人贵贱、荣辱的价值尺度	4.304	0.923
36	为满足味觉享受可以食用珍稀动植物	1.905	1.214
37	珍稀动物皮毛制品可以显示高贵身份和社会地位	1.973	1.256
38	高质量的生活的关键并不是物质上得到充分满足	3.932	1.176
39	充实、丰富的精神生活是更高的生活追求	4.047	1.133
40	物质满足可以作为炫耀的资本	2.439	1.499
41	养心莫善于寡欲	3.764	1.168
42	明确自己的欲望和需求,不买不需要的物品	4.149	0.999
43	不应崇尚奢侈品消费	4.210	1.045

看,仅项目 2 和项目 8 均值大于 4,且标准差普遍偏大。像"丢弃垃圾注意分类""购物时自带塑料袋或布袋""有意识使用节能产品"这些基本环保生活习惯并没有被很好践行,而"碰到自来水流失现象主动向相关单位反映""见到室内吸烟行为会主动举报"这类对违背生态发展理念的行为制止更是践行有限,反映出学生对相关行为态度冷漠。第二,就消费行为来看,大学生物质消费水平过高,并存在一定盲目性。第三,从环保活动参与情况来看,多数学生有参加环境公益活动的意愿,但真正亲身参与的学生并不多,而这很大程度上是因为学校提供相关活动参与机会有限,而社会上的相关社团、志愿服务机构为提高效率一般更愿接纳有环境专业背景或工作经历的志愿者,不愿给学生提供此类实践机会。

　　按照 5 个因子对两个量表进行综合分析，可得出如下结论。

　　第一，与生态意识相比，生态行为有明显滞后性，呈现知行不一。生态伦理量表反映出大学生普遍具有关爱生命、顺应自然的环境意识，并有一定的环境责任感，但并没有很好落实到行为上。虽然他们知道应该节约资源、循环利用、顺时取物，但在使用节能产品或自带购物袋这类有利于资源保护和再生的行为上却并没能有力约束自己。从消费观和消费行为角度来看，虽然消费观总体积极健康，但仍有困惑，这种困惑反映到消费行为上显得更加消极，不少学生虽然认同消费水平的高低不是衡量一个人贵贱、荣辱的价值尺度，但仍会追求奢侈品消费。有些学生虽然不同意珍稀动物皮毛制品可以显示高贵身份和社会地位但仍会购买皮草制品。所以大学生的生态行为和生态认知之间仍存在一定差距，这一方面是他们在生态问题上并没有形成完整的认知体系和行为标准，另一方面与物质主义、拜金主义价值观的消极影响有很大关系。第二，健康、环保生活习惯有待进一步培养，根据表 3 不难看出，学生的日常环保习惯并不是很稳定、很健康，一方面反映在公共生活中自我约束不充分，另一方面表现在对不文明行为的冷漠态度和生态责任感的缺失。第三，在人类行为与自然的关系上，学生们基本都认同人类社会是自然的子系统，因此人类行为要控制在环境承载力内，但尚未认识到人类社会和自然界的发展是一个协调一致的一荣俱荣、一损俱损的过程。

表 3　生态行为量表均值和标准差

编号	项目	均值	标准差
1	丢弃垃圾时注意分类	3.912	1.003
2	使用完公共卫生间冲水冲干净	4.460	0.844
3	购物时自带塑料袋或布袋	3.223	1.081
4	不使用一次性餐具	3.135	1.147

续表

编号	项目	均值	标准差
5	碰到自来水流失现象主动向相关单位反映	3.135	1.147
6	有意识使用节能产品	3.608	1.021
7	见到室内吸烟行为会主动举报	2.790	1.179
8	在教室、图书馆等公共场所弄脏环境会主动清理干净再离开	4.061	1.038
9	不喜欢并没购买过皮草制品	3.845	1.194
10	不喜欢奢侈品	3.662	1.237
11	不会购买并食用珍稀动物	3.764	1.504
12	会通过购买价位高的商品来显示自己的品位	2.581	1.438
13	手机、电脑等电子产品都是等到坏了再换新的	3.791	1.120
14	碰到喜欢的衣服、鞋子就会买	2.824	1.080
15	不需要的衣服、鞋子即使喜欢也不会买	3.358	1.195
16	愿意做环境志愿者	4.053	1.196
17	学校组织过讲座、参观、社区服务等环境类公益活动	3.730	1.092
18	参与过环保宣传活动	3.345	1.313

4. 量表调查回归分析

为考察影响大学生生态伦理和生态行为形成的主要因素，选取各主成分中载荷量最高的变量为因变量，稳定性最高的变量即样本基本情况（年级、城市、专业、曾经所在的中学是否开设过生态环境类相关课程、曾经所在的中学是否定期组织春游等活动、目前所在的大学班级是否会定期组织春游等活动、所在的大学是否会举办生态环境类讲座、所在的大学是否会开展生态环境类公益活动或志愿活动、所学习的思政课程中是否会涉及生态环境教育内容）为自变量，进行多元线性回归分析，应用模型：获取其线性关系。

第一，以变量"人应当尊重自然"为因变量进行回归形成模型一，考察影响学生对于人地关系基本态度的主要因素；第二，以"购物时自带塑料袋或布袋"为因变量，考察"日常生活习惯"，形成模型二；第三，以"手机、电脑等电子产品都是等到坏了再换新的"为因变量考察"消费观和消费行为"，形成模型三；第四，以"人类开发利用自然资源的程度必须在生态环境的承载能力范围之内"为因变量，考察"人类行为与自然关系"，形成模型四。以量表划分刻度中的"3"为界，将所有因变量变为二分变量，进行回归。各自变量的定义标准见表4，所得回归结果见表5。

表4　量表自变量定义

自变量	变量定义
年级	大一＝1,大二＝2,大三＝3,大四＝4
城市	一线城市＝1,其他南方城市＝2,其他北方城市＝3
专业	文史哲＝1,理工管＝2,艺术体育＝3
你曾经所在的中学开设过生态环境类相关课程吗	开设,并很好讲授＝3;开设,但形同虚设＝2;没有开设＝1
你曾经所在的中学会定期组织春游等活动吗	会,每学期一次＝4;会,每学年一次＝3;偶尔会＝2;从来不会＝1
你目前所在的大学班级会定期组织春游等活动吗	会,每学期一次＝4;会,每学年一次＝3;偶尔会＝2;从来不会＝1
你所在的大学会举办生态环境类讲座吗	经常会＝4;有时会＝3;很少会＝2;从不＝1
你所在的大学会开展生态环境类公益活动或志愿活动吗	经常会＝4;有时会＝3;很少会＝2;从不＝1
你所学习的思政课程中会涉及生态环境教育内容吗	会,且被认真讲授＝4;会,但并不怎么讲＝3;不会,但老师会讲＝2;不会,也不讲＝1

由模型一可以看出，"年级""城市""所在大学是否举办生态环境类讲座"这三项基本信息对"人类应当尊重自然"这一因变量影响显著且都呈正相关。说明年级越高的学生对这一理念的认同度越高；来自北方非一线城市的学生认同度最高，一线城市的学生认同度最低；举办生态环境类讲座频率越高的学校学生对此观点的认同度越高。说明高年级、北方非一线城市、所在学校经常举办生态环境类讲座的学生对生态

表 5　回归模型系数和显著性

自变量	模型一		模型二		模型三		模型四	
	系数	显著性	系数	显著性	系数	显著性	系数	显著性
年级	0.962	0.001	−0.005	0.979	0.135	0.544	1.076	0.006
城市	0.712	0.063	−0.250	0.465	−0.076	0.838	0.812	0.114
专业	0.077	0.887	0.808	0.073	−0.212	0.679	1.087	0.135
你曾经所在的中学开设过生态环境类相关课程吗	−0.253	0.467	0.301	0.268	−0.117	0.679	1.353	0.028
你曾经所在的中学会定期组织春游等活动吗	0.082	0.539	−0.189	0.111	−0.033	0.771	0.080	0.578
你目前所在的大学班级会定期组织春游等活动吗	0.083	0.836	0.037	0.895	−0.115	0.713	0.770	0.120
你所在的大学会举办生态环境类讲座吗	0.782	0.093	0.620	0.072	0.010	0.979	−0.604	0.232
你所在的大学会开展生态环境类公益活动或志愿活动吗	0.668	0.132	−0.291	0.365	−0.262	0.464	−0.426	0.446
你所学习的思政课程中会涉及生态环境教育内容吗	0.031	0.925	−0.270	0.232	−0.156	0.549	0.029	0.938

问题和人地关系的态度更加温和、理性。模型二中"专业""所在大学是否举办生态环境类讲座"对"购物时自带塑料袋或布袋"这一自变量影响显著，且呈正相关，说明文史哲类专业的学生生态化生活习惯较好。模型三没有显著性强的变量，说明基本信息中的选项对消费习惯影响不显著。模型四中，"年级""曾经所在的中学是否开展过环境类课程"对因变量"人类开发利用自然资源的程度必须在生态环境的承载能力范围之内"影响显著，且呈正相关，依旧说明年级越高的学生对资源环境问题的认识较全面，节约和循环意识较强，而中学期间的环境

教育对学生的资源环境意识还是有一定影响的。综合来看，各阶段的学校理论教育较实践教育来说对学生的生态文明素养提高影响更明显，而实际上，生态文明教育作为一种以人与自然关系为主要教育内容和研究对象的学科，必须要有足够的实践教育基础和条件，要让学生真正投入自然和社会生活中才能有所感悟，才能真正起到作用。而出现目前结论的原因，首先是中学和大学阶段的实践教育没有充足的理论基础，有些学生即使有出游经历也只是从中得到乐趣，但这种乐趣如果没有系统的生态价值观作为基础，没有得到正确引导便难以引发学生的思考，因此实践教育并没有使他们得到特变的感悟。其次，中学和大学阶段实践教育开展得很不充分，少有落实，即使是组织出游等活动也多是不定期地偶尔进行，关于这一点的相关数据会在对问卷的分析中具体阐述。

（三）调查问卷的设计与统计分析

在发放量表的同时还发放了《大学生生态文明教育调查问卷》，发放和回收数量与量表相同。问卷调查的目的在于掌握学生对于生态文明相关基本知识和《中华人民共和国环境保护法》的了解情况，这两类知识是大学生应具备的最基本理论素养，主要为答案固定的客观题，所以以问卷的形式进行调研。

1. 问卷设计与处理

在本课题中，问卷设计的目的在于探究大学生对生态文明基本知识和《中华人民共和国环境保护法》的了解掌握情况。所以问卷的设计主要参阅了《生态文明知识简明读本》《中华人民共和国环境保护法》《中华人民共和国环境保护法解读》等书籍和涉及大学生生态文明素养调研的相关论文。

问卷共包含 33 个问题，1~9 是对样本基本信息的询问，10~25 是对生态文明建设基本常识的考察，最后 8 个问题是对《中华人民共和国环境保护法》基本知识的考察。为便于进行结果量化和统计分析，在问卷设计时主要采用封闭式问题。

问卷回收后先粗略筛选有效问卷，剔除答题率低和有明显错误问卷。然后根据题目类型对问卷选项进行编码，并录入 SPSS 软件。对问卷的分析首先通过描述性分析获得数据频率等特征参量，从而了解各年级学生对相关知识的掌握情况，进而再分别选取某些变量作为因变量和自变量进行回归分析，力图找到影响大学生对生态文明认知的因素。问卷题目及选项赋值情况见表 6。

表 6　问卷自变量定义

编号	项目	变量定义
1	你了解"生态"一词的含义吗？	非常了解 = 4,基本了解 = 3,基本不了解 = 2,完全不了解 = 1
2	从时间上来看,以下选项不属于人类文明发展阶段的是？	选对 = 1,选错 = 0
3	以下不属于生态文明社会特征的是？	选对 = 1,选错 = 0
4	生态系统的生物群落包括？	选对 = 1,选错 = 0
5	土壤是由什么构成的？	选对 = 1,选错 = 0
6	酸雨现象是哪种物质浓度超标引起的？	选对 = 1,选错 = 0
7	水体的富营养化会导致水中哪种元素消耗过度？	选对 = 1,选错 = 0
8	以下不属于重金属污染物的是？	选对 = 1,选错 = 0
9	你了解"生态足迹"指标吗？	非常了解 = 4,基本了解 = 3,基本不了解 = 2,完全不了解 = 1
10	你了解"生态赤字"一词的含义吗？	非常了解 = 4,基本了解 = 3,基本不了解 = 2,完全不了解 = 1
11	可持续发展的原则是什么？	选对 = 1,选错 = 0
12	你了解"生态危机"一词的含义吗？	非常了解 = 4,基本了解 = 3,基本不了解 = 2,完全不了解 = 1
13	水污染的三大污染源是什么？	选对 = 1,选错 = 0
14	生态补偿的基本原则是？	选对 = 1,选错 = 0

编号	项目	变量定义
15	以下不属于生态消费特征的是？	选对＝1,选错＝0
16	世界地球日是哪一天？	选对＝1,选错＝0
17	下列属于《环境保护法》立法目标的是？	选对＝1,选错＝0
18	一切单位和个人都有保护环境的义务。	选对＝1,选错＝0
19	以下说法不符合《环境保护法》规定的是？	选对＝1,选错＝0
20	世界环境日是哪天？	选对＝1,选错＝0
21	哪个级别以上人民政府应当将环境保护工作纳入国民经济和社会发展规划？	选对＝1,选错＝0
22	以下对污染物排放标准规定表述错误的是？	选对＝1,选错＝0
23	下列关于国家建立、健全生态保护补偿制度的说法错误的是？	选对＝1,选错＝0
24	提起环境损害赔偿诉讼的时效期为几年？	选对＝1,选错＝0

2. 问卷调查与统计

用 SPSS26.0 对各问题选项选择频率进行统计，得到百分比，所得结果如表 7。总体来看，大学生对生态文明建设相关基础知识和《环境保护法》基本原则的认识还是有很大欠缺的，多数二分制编码"0"频率远高出"1"。问卷统计结果反映出的大学生生态文明认知特征如下。

第一，对生态文明相关概念略有认知，但流于表面，并不深入、具体。从统计结果来看，当被问起是否了解"生态""生态赤字""生态危机""生态足迹"等概念时，多数学生会选择基本了解，但需要选择出"生态文明社会基本特征""可持续发展原则"这类更常见、更基础的学习内容时，却少有人选对。这种现象可能由于多数学生只是听说过某些概念，但对这些概念的具体内容并没有用心领会或专门去记忆；也可能由于学生们对自己的认知程度和知识体系没有准确的定位，

表7　问卷频率统计

单位：%

编号	项目	编码频率				
		0	1	2	3	4
1	你了解"生态"一词的含义吗？		2.7	13.5	74.5	8.7
2	从时间上来看，以下选项不属于人类文明发展阶段的是？	76.4	23.6			
3	以下不属于生态文明社会特征的是？	72.3	27.7			
4	生态系统的生物群落包括？	25.7	74.3			
5	土壤是由什么构成的？	14.9	85.1			
6	酸雨现象是哪种物质浓度超标引起的？	14.2	85.8			
7	水体的富营养化会导致水中哪种元素消耗过度？	62.2	37.8			
8	以下不属于重金属污染物的是？	30.4	69.6			
9	你了解"生态足迹"指标吗？		10.1	45.9	41.2	2.7
10	你了解"生态赤字"一词的含义吗？		5.4	38.5	51.4	4.7
11	可持续发展的原则是什么？	91.2	8.8			
12	你了解"生态危机"一词的含义吗？		8.8	23.6	60.1	7.4
13	水污染的三大污染源是什么？	33.8	66.2			
14	生态补偿的基本原则是？	81.8	18.2			
15	以下不属于生态消费特征的是？	83.1	16.9			
16	世界地球日是哪一天？	29.1	70.9			
17	下列属于《环境保护法》立法目标的是？	81.8	18.2			
18	一切单位和个人都有保护环境的义务吗？	88.5	11.5			
19	以下说法不符合《环境保护法》规定的是？	32.4	67.6			
20	世界环境日是哪天？	41.2	58.8			
21	哪个级别以上人民政府应当将环境保护工作纳入国民经济和社会发展规划？	58.1	41.9			
22	以下对污染物排放标准规定表述错误的是？	32.4	67.6			
23	下列关于国家建立、健全生态保护补偿制度的说法错误的是？	28.4	71.6			
24	提起环境损害赔偿诉讼的时效期为几年？	32.4	67.6			

有些浮躁，高估了自己的知识面，他们自认为对于相关概念是基本了解的，但实际上并没有达到预期。

第二，中学阶段的生态基础知识掌握较扎实，但应了解的其他近些年新出现的生态知识都较薄弱。在考察生态文明建设基础知识的问题中，正确率最高的三个题目是"生态系统的生物群落包括什么""土壤是由什么构成的""世界地球日是哪一天""酸雨现象是哪种物质浓度超标引起的"，正确率分别是 74.3%、85.1%、70.9%、85.8%。这些都是中学教材中的重点内容，从数据可以看出大多数被调查者对这些概念都很熟悉。而其他生态文明建设相关基本知识对于大学生来讲都显得非常陌生。例如，生态补偿原则、生态消费特征这类较新鲜且实用性较强的概念少有学生了解，正确率仅分别是 18.2%、16.9%。

第三，环境法律知识明显欠缺。从统计结果来看，对《环境保护法》内容进行的询问得到正确答案的概率都很低，像生态补偿原则这类当前十分常见的内容都少有学生了解。这方面问题的责任远不能简单归结到学校生态文明教育欠缺上。首先，我国生态文明建设立法工作就存在很大滞后性，生态法规虽数量可观，但内容多关于污染治理，少涉及物种保护、资源开发等问题。另外，当前生态环境类法规对问题权责划分不够具体，多是泛泛而谈，且内容和条款尚不稳定，待商榷、修改，参考和应用价值有限。从外在客观条件来讲，在高等教育中进行生态环境法治教育条件还不是十分完备。

3.问卷回归分析

以问卷中的二分答案问题为因变量、基本信息为自变量逐一进行回归分析，找出对学生这两方面认知影响较大的因素。分别提取每次回归后结果中显著性明显的因子，归纳结果见表8。

回归结果可以反映出学生个人条件、受教育情况对其生态理论知识和生态法治知识了解和掌握的影响程度。"年级"这一自变量对 20 个二分问题中的 14 个问题都有显著影响，"你所在的大学会举办生态环

145

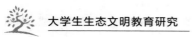

表 8   问卷回归

编号	因变量	相关变量	系数	显著性
1	从时间上来看,以下选项不属于人类文明发展阶段的是?	年级	0.448	0.030
2	以下不属于生态文明社会特征的是?	你目前所在的大学班级会定期组织春游等活动吗?	0.521	0.056
		年级	0.570	0.006
3	生态系统的生物群落包括?	年级	0.511	0.012
4	土壤是由什么构成的?	年级	0.566	0.019
5	酸雨现象是哪种物质浓度超标引起的?	你所在的大学会举办生态环境类讲座吗?	0.817	0.077
		年级	0.448	0.061
6	水体的富营养化会导致水中哪种元素消耗过度?	你所在的大学会举办生态环境类讲座吗?	-0.649	0.037
		城市户籍	0.729	0.029
7	以下不属于重金属污染物的是?	你所在的大学会举办生态环境类讲座吗?	-1.084	0.005
		你所在的大学会开展生态环境类公益活动或志愿活动吗?	0.702	0.060
		年级	0.968	0.000
8	可持续发展的原则是什么?	年级	0.610	0.097
		城市户籍	-1.008	0.018
9	水污染的三大污染源是什么?	年级	0.475	0.009
10	生态补偿的基本原则是?			
11	以下不属于生态消费特征的是?			
12	世界地球日是哪一天?	你所在的大学会举办生态环境类讲座吗?	0.568	0.079
		年级	0.443	0.021
13	下列属于《环境保护法》立法目标的是?	专业	-0.979	0.056
14	一切单位和个人都有保护环境的义务吗?	年级	0.615	0.089
		专业	-2.935	0.000

续表

编号	因变量	相关变量	系数	显著性
15	以下说法不符合《环境保护法》规定的是？	你所在的大学会举办生态环境类讲座吗？	-0.712	0.046
		你所在的大学会开展生态环境类公益活动或志愿活动吗？	0.820	0.019
		年级	0.523	0.009
		城市户籍	0.575	0.073
16	世界环境日是哪天？	你所在的大学会开展生态环境类公益活动或志愿活动吗？	0.734	0.026
		年级	0.980	0.000
17	哪个级别以上人民政府应当将环境保护工作纳入国民经济和社会发展规划？	你所学习的思政课程中会涉及生态环境教育内容吗？	0.334	0.088
18	以下对污染物排放标准规定表述错误的是？	你目前所在的大学班级会定期组织春游等活动吗？	0.550	0.074
		你所在的大学会举办生态环境类讲座吗？	-0.719	0.040
		年级	1.158	0.000
19	下列关于国家建立、健全生态保护补偿制度的说法错误的是？	年级	0.951	0.000
20	提起环境损害赔偿诉讼的时效期为几年？	城市户籍	0.547	0.055

境类讲座吗？"对 6 个问题有显著影响，"城市户籍"对 4 个问题有显著影响，"你所在的大学会开展生态环境类公益活动或志愿活动吗？"对 3 个问题影响显著，"专业"和"你目前所在的大学班级会定期组织春游等活动吗？"分别对两个问题影响显著，"你所学习的思政课程中会涉及生态环境教育内容吗？"对 1 个问题影响显著。

从显著性影响因素的分布来看，"年级"这一相关变量分布广泛，且其系数全部为正，说明学生接受高等教育的时间越长对这两方面知识的了解越全面、深入。我国高等教育是培养高级专门人才的社会性活动，学生在大学里除了知识素养得到快速提高，校园这个小社会也给他们实践能力、交往能力的发展提供了丰富的营养。高年级学生的优势除了知识储备更重要的是具有较高的综合素质，这种素质进一步提高了他们的学习和分析能力，表现在以上两个回归模型中就是年级越高认知和践行情况越好。

虽然"你所在的大学会举办生态环境类讲座吗？"这一变量在影响范围上排第 2 位，但其系数多为负值，说明举办讲座的学校其学生答题正确率反而更低。笔者认为，如果单从这一结果就推断讲座对学生认知起到的是负面影响的话必定是不科学的，讲座的效果虽然与其数量有一定关系，但是与讲座的质量和学生对其态度的关系更加密切，根据回归结果只能推断出问卷中的问题可能是讲座中未涉及的或者涉及但并未引起学生重视。但对比"你所在的大学会开展生态环境类公益活动或志愿活动吗？""你目前所在的大学班级会定期组织春游等活动吗？"这两个变量来看，讲座的效果的确不好，后两个变量不仅影响显著，而且系数均为正，说明在生态文明教育方面，实践活动较理论灌输效果要明显好得多。

变量"城市户籍"也对 4 个问题有显著影响，但系数不稳定，不易从中总结出规律。从回归结果来看对思政课程的直接询问并没有对因变量项目产生很大影响，思政课程仅在一个项目中存在显著性。综上所述，问卷中问题皆是生态文明建设和《环境保护法》中的基础知识，有些甚至是被普及为常识的问题，对这些问题的宣传普及终究是高校思想政治教育难以绕开的课题，丰富思想政治教育中关于生态文明教育的理论和实践教育内容无疑是当下思想政治教育重要的发展方向。

（四）大学生访谈的设计与内容分析

"探索性、思辨性、超前性是高等院校的优秀传统。"① 思想政治教育视野下的大学生生态文明教育始终与国家生态文明建设步调相一致，对大学生的宏观思维能力、创新能力以及政治素养的提升都产生着潜移默化的影响。大学生活中学生除了理论知识的学习，各种形式的集体活动和社会实践是学生的又一重要任务，在社会生活中，他们可能会对与以往所学的、与社会理想相背离的一些问题具有敏锐嗅觉，但并不善于总结问题，难以做到理性分析问题，所以容易产生偏激情绪或陷入失望、自暴自弃。思想政治教育具有鲜明的政治导向性，"集中体现着主流意识形态和核心价值体系的要求"②，它讲述着历史、传播着理想、诉说着辉煌，它的每个毛孔都散发着生机勃勃的正能量，给精神迷茫甚至贫瘠的大学生注入一杯清洌的甘泉。在生态恶化加剧、环境危机频发、监察丑闻屡见不鲜的当前发展阶段，作为见证我国工业化、信息化加速融合的年轻一代，当代大学生对粗放型发展模式带来的环境问题早已不再陌生，污水、废气的直接排放，垃圾的简单处理，大面积植被破坏等现象与急剧膨胀的物质财富一起充斥着他们的生活，将本应温情、和睦的人际关系镀上一层功利而又冷漠的金色，作为大学生的他们对此厌恶而又无奈、震惊而又麻木。作为 20 世纪 90 年代后出生的年轻人，当代大学生对环境问题产生的最大疑惑在于不知如何理解环境保护与经济发展的关系，一方面工业化的确提高了人们的物质生活水平，但自然

---

① 李妍：《高等院校在构建和谐社会中的独特功能》，《中国党政干部论坛》2008 年第 1 期，第 62 页。

② 陈勇、陈蕾、陈旻：《新时期思想政治教育研究范式的现状及发展析论》，《思想教育研究》2012 年第 11 期，第 11 页。

和社会生态的恶化也使他们切身感到不适和危机。而高校思想政治教育中的生态文明教育核心内容就在于对发展和生态问题的协调，其目的是从价值观层面转变其视角、从思维上提高其层次、从实践上改善其习惯，从而使生态文明建设的责任真正落实到社会成员个体身上，培养出具有生态文明建设素质和建设能力的高层次人才，集聚成实实在在的建设力量。

1. 问题设计与研究对象选择

本章前半部分内容主要运用了定量研究的方法，定量研究通过对数据的收集和分析可以从宏观层面上对特定社会问题进行探索和预测，但要从微观层面掌握个体的心理状态和意义建构还需要运用质性研究方法。因此，笔者引入访谈方法选取对象进行质性研究，从而在思想政治教育视野下把握大学生对生态文明教育的接受情况以及对生态文明建设现状的看法和意见。

本书对于访谈问题的设计思路与量表和问卷基本一致，具体内容主要针对某些难以量化和具体化的问题进行构建，本着便于理解和回答的原则，在访谈过程中根据被访者的具体情况灵活调整问题。问题设计主要考虑以下方面：①对生态问题的哲学层面思考；②中学阶段生态教育形式及效果；③生态责任意识；④生态审美活动；⑤个人基本情况对生态素养的影响；⑥生态法治；⑦对思政课程中生态文明教育内容的看法。最终，基本访谈题目设计见表9。

作者采用效率和精度相对较高、方法较为灵活的分层抽样法，从上文中提到的5所学校中参与问卷和量表调查的学生中选取11人进行访谈，以年级进行分层，由于在定量研究中大四学生人数较多，且数据分析结果显示大四学生对问题的认识较全面、分析能力较强所以赋予大四

表 9　生态访谈问题

题目类型	题目
个人情况	1. 来自几年级、所学专业
	2. 出生城市
	3. 户口类型（农业、非农）、家庭人数、父母职业
对生态问题的哲学层面思考	1. 能否说出有代表性的马克思主义生态思想
	2. 对其他流派的生态哲学思想是否有了解
	3. 你对人地关系的认识
中学阶段生态教育形式及效果	1. 你所在的中学有什么样的生态教育形式
	2. 你对中学政治课中的生态教育内容认同吗
生态责任意识	1. 你认为政府、企事业单位和个人哪个在环境改善中起关键作用
	2. 你认为个人可以在环境改善中起多大作用
	3. 步入工作岗位后你会将生态意识带入工作中吗
生态审美活动	1. 是否喜爱亲近自然的户外活动
	2. 谈谈在户外活动中获得过的愉悦感受
生态法治意识	1. 是否了解或接触或应用过环境相关法律法规
	2. 结合亲身经历谈谈对环境相关法律法规的认识
对思政课程中生态文明教育内容的看法	1. 谈谈你对思政课程中生态文明教育内容的看法

学生较大层权，采用比例分配确定各层选择人数进行等概率抽样

$\left(\dfrac{n_h}{N_h}=\dfrac{n}{N}\right)$：分别选取两名大一学生，两名大二学生，三名大三学生和三名大四学生。进而确定四名文科学生，五名理工科学生和一名艺术类学生，其中女生 4 人，男生 7 人。

2.受访者情况介绍

A 同学为大四男生，来自地质工程专业，湖北宜昌人，农业户口，家里共三口人，为独生子，其父母皆为乡村教师。

B同学为土木专业大三男生，江西抚州人，农业户口，家里共五口人。虽为农业户口，但在他印象里家人从未有过务农经历，母亲是一位心灵手巧的裁缝，包揽全家人大小衣物，并有自己的店面，父亲是一名司机，家境殷实。

C同学为测绘专业大四男生，山东潍坊人，农业户口，家里有三口人，年幼时家里有土地，父母有过务农经历，但中学时土地被卖给纺织厂，现在父母均是工厂工人。

D同学是来自安全工程专业的大三男生，内蒙古乌兰察布人，农业户口，家里有三口人，父母目前仍旧务农。

E同学是自动化专业的大三男生，来自贵州毕节，农业户口，家里有四口人，父母与其他村民一起在上海打工。

F同学是会计专业的一名大四女生，来自重庆巫山，农业户口，家里有四口人，父母均是个体工商者。

G同学是行政管理专业的一名大二男生，山东菏泽人，农业户口，家中四口人，目前父母在当地工厂打工，但家中仍保留着土地。

H同学是英语专业一名大二女生，山东烟台人，非农业户口，是家里的独生女，父母均是高校老师。

I同学是政治学专业的一名大二女生，四川广安人，非农业户口，家里三口人，父母均在事业单位工作。

J同学是思想政治教育专业的一名大一女生，来自山西晋中，非农业户口，从小生活在城市，父亲是一名医生，母亲是公司职员。

K同学是地下工程专业的一名大四男生，来自地处淮河沿岸的安徽省蚌埠市，非农业户口，父亲是房地产行业经理人，母亲是公务员，K同学喜爱球类运动和其他集体活动，身体健壮。

3. 访谈内容回顾

与问卷和量表调查相比，访谈带来了更大的信息量，从学生的角度对高等教育阶段生态文明教育的过程和效果有了更直观、更现实、更具体的反映。

A 同学性格开朗、健谈，喜爱打篮球、踢足球、越野、登山等户外活动，热爱大自然，由于家住长江三峡库区，非常喜欢有水的环境，在他的家乡，从未见过雾霾，即使通过努力得到在大城市学习的机会，但 A 同学仍旧时常怀念家乡清洁、湿润的生态环境。A 同学在班里担任组织委员，喜欢和同学们一起开展集体活动。目前已签约山西某国有煤炭企业，相信自己已练就强健的体魄，有能力应对即将从事的艰苦的井下作业工作。对科学发展观略有了解，对其他流派的生态哲学思想没什么涉猎，认为人应当尊重自然规律，积极保护环境。在中学阶段，A 同学所接受的印象深刻的生态教育仅限于生物知识，对于政治课的生态文明教育内容自认为没起到什么作用。A 同学认为，政府在环境改善过程中起到关键作用，但个人有责任约束好自身行为，并愿意将环保理念带入工作中。对于环境相关法律法规，A 同学表示在实习中有接触，用人单位在不影响经济利益的情况下会遵守，否则仅是摆设。对于思政课中的教育内容，他只对自己喜爱的个别老师所讲授的相关内容感兴趣，其他多数情况下会浪费时间。

当被问起家乡生态环境时，B 同学自豪地说家乡是全国排名第一的天然氧吧，在家的时候也没有见过雾霾。但为发展地方经济，目前家乡正在建核电站，当地居民大多不希望自己的生活环境太过工业化，就自己来讲，想要年轻时在大城市奋斗，年老后回家乡养老。B 同学在集体生活中表现十分活跃，在校团委、学生会均任职。喜爱户外活动，平时和同学喜欢去偏远、人少、安静、环境好的地方游玩。对于马克思主义生态思想，B同学表示知道讲过，但没什么印象，对其他流派生态哲学思想更没什么兴趣，在人地关系方面，B同学也没有考虑过相关问题。中学时期，B同学所在学校偶尔会组织郊游，但多为游玩，没有任何生态教育主题，对于中学阶段政治课中的教育内容，他表示高考完便忘得差不多了。在生态责任问题上，B同学非常坚定地认为政府的责任最大，个人是无能为力的，至于工作后的生态行为，B同学愿意尽力维护大家的环境利益。对于接触到的环境法律法规，B同学认为形同虚设，而思政课中的生态文明教育内容他也表示不怎么关心。

C同学性格较稳重，不是很喜欢集体或户外活动，做事认真、注重细节，学习成绩优异，现已保研。对于家乡的就地城市化，C同学表示不希望太过工业化，但对于征地建工厂这种事情他十分认可，因为生活条件有了极大的改善，而且可以摆脱耕作的艰辛。C同学对科学发展观和大学期间思政课中的生态文明教育内容都非常熟悉，并可以畅谈自己的见解，对于非人类中心主义思想和人类中心主义思想他也多有了解，并明确倾向于人类中心主义。中学期间的生态教育对他产生影响很小，也没有对此进行过思考，仅限于应试。他认为个人肯定能对环境改善起到很大作用，但就目前生产力发展水平还不宜因环保而放慢经济发展，对于产业转型，他也并不抱很大期待。

D同学来自内蒙古乌兰察布市，他印象最深的就是家里空气比北京好很多，但植被稀少。他指出，前些年为治理北京沙尘暴乌兰察布曾限制放牧、鼓励种树，但由于当地水分太少，不适合树木生长，不仅树苗成活率低，且草场被破坏，给当地环境带来更大压力。近几年当地政府针对新产生的环境问题改变政策，推行"退林还草"。D同学给人一种朴实而直接的感觉，他表示如果经济发展和环境会对立的话，他一定支持发展经济，因为当地工厂的建设给了他父亲稳定的工作和收入。D 同学说他没有进行过哲学层面的生态思考，他认为哲学宏观空洞，而贫困具体真实，解决家里的温饱才是最实际的。在访谈过程中，D 同学表现得很拘谨，礼貌而客气地表达着内心对环境问题的矛盾，并仿佛试图寻求帮助。他说很久都没有参加过户外活动了，最近的一次还是三年前。

E 同学来自贵州，贵州作为走在生态文明建设最前列的省份，其清洁的自然环境享誉全国，但与优良环境相伴的是十分落后的基础设施，E 同学对此深有感触，他认为家乡的自然环境虽然很好，但人文环境并不理想，乱扔垃圾、捕猎野生动物等现象早已见惯不怪。E 同学认为工业化和生态文明建设并不矛盾，所以他希望家乡的人才流失问题可以得到解决，可以通过科技发展来提高生活水平，使环境优良的原因从经济落后转变为科学的发展模式和高素质的劳动者。E 同学性格开朗、说话坦诚，喜欢户外活动，但无奈在大城市学习，这类活动机会较少。对于中学阶段的生态文明教育，E 同学表示对户外教育印象深刻，虽然学校在组织时并没有安排特定主题，但依然令他回味至今，而对于大学思政课中的生态文明教育，他认为脱离实际体验、脱离自然的生态文明教育算不上生态教育。当被问起环境相关法律法规时，E 同学表示没有接触和关心过。

F 同学家住三峡大坝附近，家乡环境优美，主要发展旅游业。F 同学喜欢安静的生活，但由于坝区附近机场建设，近几年生活环境比较喧闹，而且旅游业的发展带来的除了收入增加还有江边日益堆积的垃圾。F 同学是个开朗活泼的女孩，在学校积极参加各类社团，曾在团委和学生会任职，喜欢户外活动，不喜欢宅着。对于生态文明，F 同学说她日常没有关心或涉猎过，认为一切随遇而安就好，自己并做不了什么。对于思政课，F 同学也表示只对自己喜欢的老师所讲的内容感兴趣，所以对于其中的生态文明教育内容有印象但不能自主进行表述。当被问起环境相关法律法规时，F 同学表示没有接触过。

对于 G 同学来讲，中学阶段只存在生物知识教育，不存在生态文明教育，而大学阶段通识教育视野下的生态文明教育如果用心去学用心去讲还是很有现实意义的。G 同学表示时常能见到浪费资源、污染环境的行为，但是身边的人往往对此都十分冷漠，因为家乡缺少资源，经济发展较为落后，相比之下，人们对于财富积累具有更大需求，而生态问题尚未切实影响到大家的实际生活。G 同学希望参与户外集体活动，但由于学习压力大，并没有很多机会。他认为生态文明理应是一个哲学层面的问题，要想真正解决矛盾改变现状也必须从哲学层面来分析和看待问题，这样起码可以使个体获得一个清醒的生活状态，但对生态文明哲学流派并没有了解。不同于其他理工科学生，G 同学对人文社科表达了明确的尊重，他认为各个阶段的政治课都对他良善人格的养成起到很大作用。

H 同学纯真爽朗，作为在海边长大的孩子，碧海蓝天是大自然给她带来的最珍贵的礼物，所以海洋环境的变化给她的印象是最深刻的。虽然海岛城市在休渔封海期都严格控制捕捞量，但近年来海产品的数量和肥美程度都明显下降，而养殖和旅游业的发展也使原本平坦的海滩变得坑坑洼洼，一到夏天海风还总会带来阵阵腥臭味。虽然烟台作为旅游城市资源较丰富，经济发展水平在省内也排在前列，但由于开放较早，人们对物质和名誉的追求在很多情况下已湮没亲情、友情等真实情感的影响。H 同学非常喜欢登山、游泳、徒步等户外活动，所以对不能出门的雾霾天气深恶痛绝。F 同学对马克思主义生态思想有一定认识，认为人的解放和自然的解放是一个统一的过程，人地矛盾与社会内部矛盾的发展轨迹是一致的，所以要想真正解决环境问题，人的意识层面的思维方式和习惯的转变是必不可少的，这样才能推动经济增长方式转变和社会转型。

I同学性格内向、文静，但也活跃在学校学生会和各种社团。她觉得家乡的自然环境并不是非常好，但相较北京还是好太多，平时经常会跟家人一起去周边农家乐度假。家乡化肥厂的排污问题是她经历过的最典型的环境污染问题，周围饮用水污染很严重，虽然2008年前后治理过，但治理效果并不理想。I同学表示，思政课堂中的生态文明理念在学习时，出于应试需要背诵，但从没有用心去理解或思考过，所以没有带来什么影响。对于生态责任的问题，I同学说她并没有考虑过这个问题，但认为将问题都归咎于政府一定是不对的，具体来讲不好说。当被问到环境相关法律法规的问题时，I同学也表示没有关心过。

J同学来自山西，虽然山西城市自然环境一般，但J同学一直都很喜欢爬山，喜欢去僻静的村庄亲近温和的自然环境。作为来自煤矿大省的孩子，J同学说起小煤窑、化工厂等污染大户带来的环境和社会问题如数家珍，她清楚地认识到前些年煤窑自主经营带来的不仅是自然环境的破坏，更重要的是当地风化的急剧恶化，金钱的诱惑不仅掏空了地壳，也侵蚀着当地人的良心、挑战着道德底线。对于生态伦理流派，I同学曾经有所耳闻，但没有专门关注或研究过，但她相信马克思主义生态文明思想是最科学、最具现实意义的生态思想。作为一个北方女孩，J同学表现出很强的生态责任意识和勇气，虽然她也没有接触或了解过环境相关法律法规，但她表示只要有机会就一定会为生态文明建设尽一分力。

K同学表示对环境污染已经习以为常，认为这是发展的必经阶段，受家庭背景和专业学习内容的影响，K同学认为良好的生态环境和经济增长如果能共同实现是最理想状态，但希望渺茫，所以牺牲生态效益维护经济利益是当前最好的办法。

三 大学生生态文明教育存在的突出问题

从三种方式调研结果来看，直观上来讲，高校生态文明教育效果的实现程度受学生的主观因素影响明显，与学生已有知识体系和个人发展目标关系密切，课程教育和校园文化教育远未起到应有作用。具体来看，问题集中在以下几个方面。

（一）学生生态文明素养亟待进一步提升

调研设计中对学生个体生态素养的考察主要从生物知识、环境法律知识、生态伦理素质和生态责任意识四个方面展开。

第一，从生物知识素养来看，题目根据《大学生生态文明手册》设计，其中的内容是学生应具备的基本环境知识，也就是说理想状态下相关题目的准确率应是较高的。从量表调查结果来看，在可以对问题答案进行查阅的调研条件下，仅有68.5%的学生选对生物群落包含内容，89.9%的学生选对土壤成分，80%的学生选对酸雨的主要污染物，31.5%的学生选对水体富营养所消耗元素，55.5%的学生表示对生态足迹有所了解，67.4%的学生选对水污染的主要污染源。从统计结果可以看出，学生对中学时期涉及的生物知识掌握较好，但大学阶段需要另外补充的环境基础知识掌握得很不理想，对生物知识的学习和掌握是辨识污染源、判断污染行为的知识基础，是环保行为得以形成的认知前提，高校通识教育中的生物知识灌输仍有待加强。

第二，法治教育是思想政治教育的重要方面，思想政治教育视野下的生态文明教育理应包括生态法律意识教育，学生毕业前也应具备一定生态法治精神。从调查结果来看，选对《环境保护法》立法目标的学生仅占 15.7%，选对生态补偿原则的学生仅占 20.2%，当被问起"哪个级别以上人民政府应当将环境保护工作纳入国民经济和社会发展规划"时，只有 44.9% 的被调查者选出正确答案。调查结果反映出，从知识储备上来看，大学生的生态法治意识薄弱，这一方面与环境立法节奏有关，另一方面也反映出思想政治教育发展的滞后性。

第三，对学生生态伦理认知的考察主要是从消费观、人地观两个方面进行的，共设置了 7 个相关问题，从调查结果来看，80% 以上的学生都能正确对待人地关系，尊重自然的内在价值，也能认识到系统整体思维的重要性。消费观方面却呈现明显的过度消费特点，反映出学生在消费中抱有的虚荣和攀比心理。

第四，生态责任意识的考察是对学生生态文明素质的另一重要考量。83.1% 的受访学生同意"一切单位和个人都有保护环境的义务"，87.6% 的学生同意"所有主体都应拥有平等的享用环境资源的权利"，88.8% 的学生同意"享用环境权利和承担环境保护义务是统一的"。从调查结果不难看出，绝大多数学生是具备生态责任意识的，这种责任意识如果被带上他们未来的工作岗位将为生态文明建设带来强大的精神动力。

（二）生态实践教学缺失

高校生态文明教育在思想政治教学中体现出来的问题可以从课堂教学和实践教学两方面进行归纳。从课堂教学来看，在问卷调研中只有 11.2% 的学生明确表示老师会认真讲解，58.4% 的学生选择偶尔会提到，20% 的学生表示对思政课堂上的生态文明内容没有印象。从访谈内容看，绝大多数受访者表示课程内容中虽有生态文明相关设计，但因为讲解形式枯燥、内容难理解，所以没有特别注意，更没有对精神和情感世界产生什么影响。所以从调研结果来看，思想政治教育视野下的生态文明课堂教学工作存在很大问题，但基本与思想政治其他课程教育中存在的问题一致，这些问题都需要在思想政治教育教学方式整体调整和发展的基础上得到解决。

从生态实践教育来看，思想政治教育实践教学中基本不存在以生态文明为主题的实践教学内容，生态实践教学仅限于环境相关专业的野外实习课。而调研中，学生表现出对环境志愿服务和户外出行的极大兴趣。生态实践教学问题是生态文明教育面临的突出现实问题，将这一问题放到思想政治教育视野下进行解决是生态文明强烈的文化属性的内在要求，是提高学生综合素质、拓宽学生发展方向的必要措施，也是对国外成功经验的借鉴。生态实践课程教学的规划和开展是提升生态文明教育层次和效果的关键所在，需要整个高校思想政治教育体系的协调配合。

（三）校园文化助推力不足

高等教育在精英输出和现代公民培养上起着无法替代的正向作用，但这一作用需要在出色的专业教育和优秀的校园文化共同配合下得以实现，少了校园文化的强大推动力，高校教育目标的实现也将大打折扣。从目前高校生态文明教育现状来看，校园文化的助推力量还是有很大欠缺的。

第一，从校园物质文化层面来看，虽然物质资源积累仍是高校文化建设的主流导向，但生态文明教育相关物质文化发展显现出严重的滞后问题。单从生态文明教育基地建设来看，与国外高校相比我国高校既缺少相关主题博物馆、展览馆等专属教育场馆也鲜见专用对口户外教育基地，教育场所的缺失给生态文明教育活动开展带来很大现实困难。从学生装备条件来看，生态文明教育所需要的教具配备基本不纳入学校财政支出专项，造成生态实践教育上的安全隐患。

第二，从校园精神文化层面来看，生态文明教育渲染力度较弱，宣传内容深度不足。校园精神文化建设滞后是当前高校校园文化建设面临的最主要问题，生态文明教育的时代精神展现和本土化特色呈现更加需要校园精神文化建设提供思想上的推动力。从调研结果来看，仅有3.4%的学生表示学校经常会举办环境类讲座，而58.4%的学生表示偶尔会举办相关讲座。对于是否开展环境类公益活动或志愿活动的问题，只有6.7%的学生表示经常会开展，而57.3%的学生选择了"有时会"。而美国、日本以及我国香港地区的生态志愿服务活动早已被纳入学生综合素质考察项目，以学分的形式进行评定，而生态哲学探讨和可持续发展理念也都是推特和脸书等官方公众号宣传的重要内容。一所高校的精神风貌是对其办学特点和办学层次的最有力彰显，也是传承和展现区域文化特质的高水平平台，对高校校园精神文化建设的依托，是因地制宜推动生态文明教育本土化发展的一大途径。但相比之下，无论是从推广和宣传的形式和力度还是宣传内容的丰富程度来看，高校精神文化氛围对生态文明教育的侧重都严重不足。

第三，从校园制度文化建设层面来看，平等、包容、开放的生态价值理念尚未融入制度文化建设中，各级别规章制度很少覆盖生态层面。受过高等教育的人都不难发现，高校校规校纪所涉及内容多为课程学习、考试以及宿舍集体生活中的基本要求和注意事项，很少提出环境层面要求；各项制度表述形式多为指令性语言，体现不出包容、公平的当代高校必备价值理念。从制度文化建设参与来看，很多学校参与面过于狭窄，师生参与程度不高，参与机会较少，制度制定与实施过程中的民主行为多流于形式，多数师生并不实际参与重要决策的决定。生态文明理念与高校制度文化建设的融合是完善大学生生态文明教育体系、推动高校生态文明教育进程的有效措施，更是提升高校制度文化建设权威性和合法性的重要途径。

（四）制度环境支撑力有限

从生态文明教育体系建设上来看，我国生态文明教育体系建设与国外存在很大差距。首先，我国基础教育阶段的生态文明教育工作开展得不够全面，很多大学新生尚不具备生活自理能力，很难要求其在短期内形成良好、全面的符合可持续发展要求的生活习惯和环境理念。另外，我国高等教育中始终存在重自然科学轻人文社会科学的现象，道德和责任意识教育仍未得到充分重视，影响学生对生态文明教育内容和理念接受程度的关键在于其学习意愿，大环境对人文社科的轻视难以激发学生对伦理问题的思考，所以高校的生态文明教育缺乏配套道德教育环境将无法有效进行生态伦理灌输，更难以为其提供践行条件。

从制度、法律体系上看，我国于 2013 年将生态文明建设提升到国家战略层面，到目前为止仅有 10 年，生态文明教育也刚开始受到社会各界关注，各层次、各领域、各年龄段的生态教育都缺乏政策保障。但是新制度的制定需要与生活方式、社会价值、思维方式保持高度一致和融洽，而中国社会与西方社会相比是一个重礼俗和人情的关系社会，并非一个争讼社会，也尚未形成积极的法民关系，虽然生态文明建设的立法工作已在紧锣密鼓地进行，但有效的政策和法律的制定必须要充分挖掘和利用已有的政治文化资本，而这些工作并不是一蹴而就的。所以在没有制度和法律保障的情况下，有些学者认为现在将生态文明教育纳入思想政治教育视野为时过早。然而现实情况表明人的生态素质的提升和社会文明发展进程的生态化推进已是刻不容缓，粗放型发展方式已使我们的土地千疮百孔、河流干涸肮脏、天气云遮雾罩，如果劳动者的生态文明素养继续落后下去我们的生活环境将继续恶化。国外教育工作者已用他们高度的责任感和强烈的工作热情证明了生态文明教育作为一种跨专业学科可以并需要从各学科、各种视角开展，也就是说，在当前我国生态危机已被世界瞩目的情况下，思想政治教育有责任将生态文明教育纳入研究视野，有责任通过道德教育、思想教育、政治教育把与生态文明相适应的整体性、联系性思维方式融入精英文化、大众文化、民间文化，从而丰富制定政策和立法的政治文化资本。

我国高等教育阶段的生态文明教育以理论教育形式为主，实践教育的不充分本身就是思想政治教育存在的突出问题。国内思想政治教育经过 40 多年的发展已成为提高青年学生思想道德素质和政治素养的最广阔、最权威、最有影响力的平台，大学生生态文明教育的开展应充分利用这一平台，将生态伦理教育、生态文化教育、可持续发展教育等内容融入已有课程体系，用生态文明教育对实践教育的刚性需求来为思想政治教育提供更多实践教育主题和教育机会，丰富实践教育内容，使二者相辅相成、各取所需。

实际上，我国的生态文明教育最早是在高校开展的，大学生生态文明教育在进行科学知识教授的同时始终贯穿着马克思主义生态伦理思想和中国共产党不断成熟的环境建设理念。但经过 40 多年的发展，高校生态文明教育仅在内容上有所改变，而理论和教育体系上都没有得到完善和更新，大学生生态文明教育仍存在一些显著问题，总体来讲可以概括为以下几个方面。

第一，生态文明教育呈现形式上重视、实际上冷漠的特点。从"五位一体"建设中国特色社会主义理念提出以来，高校各学科都试图把生态文明渗入教学体系中，从课题申请到学科发展方向都冠以"生态文明"的噱头，生态文明教育工作看似做得热火朝天，但真正将生态文明理念与学科内容有机融合的成功案例却极为鲜见，导致生态文明教育工作多流于口号和形式。从现实层面来讲，目前很多学科建设都呈现重经济利益、轻公益效益的特征，当生态效益与项目建设产生冲突时，环保必然让位于资本，眼前经济利益必定盖过长远生态效益，使得操作上极大削弱了生态文明教育的说服力。最后高校生态文明教育的执行力不足还体现在学校生态文明教育机构体系的不完善上，生态文明教育远未实现党委统一领导、党政齐抓共管、全校统一配合的教育领导体制和工作机制。单从生态文明教育硬件设施来说，国内少有拥有自己的生态文明教育博物馆、教育基地的高校，教育设施配备严重滞后，难以提升教学队伍的工作兴致与信心，很大程度上阻碍了教育活动进程；而国外一流高校无不配备专门的校内外生态文明教育场馆，各类基地、实验室、展览馆一应俱全，多样呈现生态文明社会美好愿景。

第二，生态文明教育理论体系不健全。从长远来看，生态文明教育理论体系的完善必须依托通识教育平台，从哲学层面提升教育层次，加强生态伦理、生态意识、生态审美、生态法治精神教育，全面塑造学生生态文明素养，从精神文明层面打牢生态文明教育根基，从而保障生态教育在具体学科中的科学走向。但当前高校通识教育层面下的生态文明教育远未实现系统化、体系化，教育内容呈现片段性，这样的理论环境也只能使生态文明限于概念，无法在学生的认知中实现这一先进文明形态的理想化构建，更难以全面展现其包容性魅力。另外，理论体系的不健全还体现在生态文明教育对"文明"基点的偏离。生态文明的出发点是人类文明的向前推进，是对工业文明的超越性扬弃，"文明"才是其根本属性和最高旨归，对先进文化形态的回归、借鉴以及创造才是生态文明教育的最直接目的。而当前高校所谓的生态文明教育明显缺少人文气息，仅局限于细节性的环保教育，从长远来看，教育视野的局限性既不利于理论体系的深化发展，也不利于教育工作的连续性开展，更无法体现教育对现实的超越和拔高。

第三，生态文明实践教育机会欠缺，实践与理论脱节。实践是生态文明教育的必需手段和固有属性，无论是自然情感还是生态知识都要在深入环境的实际体验中才能全面习得，因此，脱离实践的生态文明教育是虚幻的、经院化的、形式主义的生态文明教育。然而，生态实践教育恰恰是我国高等教育阶段的最大欠缺，其中最重要的问题在于学生实践机会的欠缺。总体来看，除了地质、资源、环境类相关专业外，大多专业学生都缺少户外教育参与机会，而即使有户外教育要求的专业，户外教育的开展也较集中，缺少连续的、循序渐进的教育程序。另外，从户外教育内容来看，高校户外教育形式与内容呈现脱节的状态，教育内容单调、简单，多为具体的生物、地质探测和考察教育，与生态文明教育理论相关性不大，这样的实践教育无疑是对教育资源和人力的浪费，最多只能达到知识普及而难以实现心灵震撼，最后终将流于形式。

四 大学生生态文明教育存在问题成因分析

实际上，无论受教育者能否意识到，思想政治教育对个体素质的提升有着明显效果。调查过程中可以明显感受到学生对思想政治理论课的重视程度与他们的生态素养发展程度以及个体知识储备量的一致性，越丰富的知识越能支撑起理性思维和行为约束力，从而表现出较好的个人素质。由此可见，思想政治教育视野下的生态文明教育体系建设，将对生态思维和行为的普及起到积极推动作用。

从调研结果中不难看出，对美好环境的追求和向往是人的本性使然，是青年学生的共同愿望，但现实中缺乏治理和监督的污染行为以及环境政策中存在的片面性、断续性、交叉、缺失等问题在一定程度上打击了他们生态环境意识的发展，使他们对生态文明发展方向产生极大的困惑。

（一）家庭因素分析

家庭教育是未成年人教育的最基本单位，是学校教育和社会教育的基础。大学生群体虽已走出家门，但他们的家庭早已在他们心里留下清晰的烙印，在他们的认知和行为模式中或多或少被映衬出来。

1.家庭生活习惯影响学生对教育内容的实践积极性

访谈中，那些经常随家人出行游玩或家住山间水边的受访者对自然环境表现出更强烈的热爱，有更强的环境意识，更愿意参与户外和集体活动，对生态文明建设表现出更强的好奇心和积极性。来自江西抚州的 B 同学原本家住县城，但中学时父母刻意把住址搬到安静的乡间，在访谈中他多次提到喜欢较原始的自然环境，所以经常去较偏远、宁静的地方游玩。对于思想政治理论课，他表示最喜欢"马克思主义基本原理"，但他认为"毛泽东思想和中国特色社会主义理论体系概论"这门课的内容更加丰富，对他的政治素养形成、理想信念塑造能够提供更加丰富的营养。虽然 B 同学在实习过程中也见到很多因违章操作、疏于管理造成的环境污染事件，但他对生态文明建设蓝图的实现充满信心。而与 B 同学相对，来自山东菏泽的 G 同学则对生态问题表现得比较冷漠。访谈中 G 同学坦言从小生活的村子里有条河，现已干涸，所以包括家人在内的村民都把河床当成了天然的垃圾场，而对于思政课程中宣传的可持续发展观、"两型"社会建设理念等生态文明建设内容，G 同学表示不以为然，认为太过遥远。

家庭生活习惯对个体生活习惯的影响是不言而喻的，行为习惯是内在价值理念的外化，也在生成、强化、巩固着个体价值理念。所以学生对于思想政治教育内容的接受程度或多或少地受到其家庭生活习惯的影响，从而影响其实践积极性。

2. 家庭收入情况影响学生对生态文明建设政策的认同度

受访者的家庭背景对其生态价值观和生态知识学习能力并没有明显影响，但家庭收入情况却显然影响到学生对生态文明建设政策的认同程度。总体来讲，家庭收入较高的学生对生态文明建设的态度较为积极，对政策了解更全面，对现实更有信心。而收入较低家庭的学生虽然也表达了对自然和人文生态的关怀，但更加关注物质财富的创造和积累，对政策的现实性质疑较强烈。几位家庭收入较低的同学都表达出，虽然地区工业化使生活环境恶化，但工厂建设给了他们更加富足、稳定的生活，甚至说实现了他们出来上学的愿望，丰富了他们的发展需要。所以对于可持续发展、新常态这类与生态文明建设相适应的发展理念他们并不是十分认同。

实际上，生态文明建设和经济发展从理论上来讲并不是相互冲突、对立的两个方面，但对发展方式的转型的确提出强烈要求，而人们往往是不愿接受变革的，所以对于学生们在环境与发展的平衡点的问题上的疑惑，首先需要通过思想政治教育对学生进行更加深入、科学的政策解读，明确讲生态文明并非要抑制发展。另外要使他们明确发展大势和自己肩负的责任，从旁观者变为做出实际行动的当局者。

（二）学校因素分析

这里对学校因素的分析主要是指课堂教学方面，所以会依据访谈中学生反映的情况对教师、课程内容、授课方式等方面进行分析。

1. 教师教学风格对学生学习积极性产生极大影响

在课堂教育中，教师始终处于主导地位，大学生对思政课程的学习积极性也深受教师授课风格、知识储备和个人魅力的影响。当被问及是否喜欢思想政治教育基础理论课时，多名受访者表示会因某个老师而喜欢某一门课程，而老师的魅力在于能把课程中提到的原理与生活中发生的真实事件合理联系，使课程内容生动、丰富、说服力强。

实际上，几乎每个受访者都表示对多数思政课程提不起兴趣，并对教师课堂上列举的生态文明建设个别事例不以为然，因为很多教师只是照本宣科，上课缺少激情，甚至对纪律管得太严，给年轻人太大距离感。其实，多数高校中都有一些学识渊博、思维严谨、谈吐风趣的思政理论课教师，这些教师的课程总能座无虚席，所以教师对学生学习积极性的影响是可想而知的。

2. 课程内容缺乏吸引力

对于大学期间所学的 4 门思政课程中的内容，不同的受访者会表达出不同喜好，对于生态文明建设相关内容，受访者普遍认为课程内容吸引力不足，从他们的角度来说，问题主要出在以下几个方面。第一，有些课程的内容概括性太强，宏观政策层面的内容对他们来说太遥远、太抽象，不好理解，所以也就不感兴趣。第二，有些受访者指出，大学期间的几门思政课程的内容与中学政治、历史课内容有很多重合，而又没有中学课本中讲述得具体，所以对他们来讲已是老生常谈。当被问起可持续发展的主要内容时，被保研的 C 同学对答如流，并强调他全是凭借中学时期的学习记忆。第三，有些受访者认为课程内容背离现实，提出这一点的往往是高年级受访者，有一定社会实践经历，他们认为思政课程提到的生态文明建设内容都太过理想化，与现实不符，而现实中实实在在的环境问题却很少提及，像是在给他们画饼充饥。第四，实践课程的缺位，当被问起对理论课和实践课程的看法时，几乎所有受访者都表示希望得到更多实践课程学习机会，并指出实践课对于生态文明教育的意义在于可以给人实实在在的感官刺激，能很快地直接领会到生态学知识。

课程内容使学生产生抵触情绪的原因一方面是有些内容的确需要完善和调整，另一方面是学生对思政课的定位不够准确，没有认识到思政课的导向性意义注定它是要高于实际，是要进行意识形态维护的。另外，生态文明教育中实践课的缺失的确是一个亟待解决的问题。

3. 大班授课不易管理、效率不高

当被问及思政课的出勤情况时，多数受访者都直言有过缺勤经历，有些同学坦言思政课都是大班授课，教师不可能对几百个学生都熟悉，并且来自不同专业，对于教师来讲是不易管理的。而就课堂效率来讲，来自不同专业的学生学习基础参差不齐，就生态环境方面内容来说，环境相关专业学生必定比文学艺术类专业学生基础好些，甚至比任课教师了解得更多，所以即使教师已悉心准备授课内容，可能课堂效果仍会因众口难调而导致授课效率低下。

（三）社会因素分析

不仅实习、社会实践会给大学生带来社会经验，他们的成长环境无不包裹在特定的社会环境中，作为性格和认知体系已基本形成的青年人中的佼佼者，社会环境对他们的认知产生着最实际、最强有力的影响。

1. 资源浪费、环境污染事件频发对生态文明教育产生很大负面影响

在访谈过程中，多数受访者都反映虽然对思政课堂中涉及的生态文明教育内容有印象甚至很感兴趣，但总觉得现在谈这些理念不现实，因为生活中充斥着的各种不和谐的环境和人文因素往往并不是大家刻意制

造的，也不是因为无知，而是迫于对现实的无奈。D 同学在受访时就提到非常喜欢"马克思主义基本原理"这门课，但对"思想道德修养与法律基础""毛泽东思想和中国特色社会主义理论体系概论"课程中的生态教育内容完全不感兴趣，他认为这些课程中只讲政策，太不切实际。作为一名安全工程专业的学生，他对矿区环境和作业方式很熟悉，对于甲烷这类温室气体的违章排放他已见怪不怪，并且相关责任人也都是在知法犯法，只是因为监管不力因此有恃无恐。在访谈中多数理工科专业受访者都有类似经历或见闻，在这类现实面前，他们对课程内容的质疑已不再因为年轻叛逆，而是出于对现实的失望和无奈。

2. 个人成长的区域环境对生态观教育效果存在一定的导向性

传播学中的理论认为，人们总会去相信自己愿意相信的东西，也就是自身既有的知识体系会强烈影响到对新知识的接受情况。在访谈中，来自不同地区、不同成长环境的学生对思政课程中的生态文明教育内容表现出不同的认同程度，对生态文明建设理想也呈现不同的憧憬。访谈中笔者明显感受到来自南方省份的受访者对生活的态度较放松，亲近自然、保护环境的愿望更加强烈，更向往宁静、自在的生活。当被问及对其他生物内在价值的看法时，他们会果断选择非人类中心主义。他们虽然也无奈于现实中的各种生态破坏现象，但对于可持续发展观、两型社会建设、生态文明建设目标等思政课程内容，他们认同度较高，且相信这些是社会转型方向，对自然和社会生态的发展方向持乐观态度。而来自北方省份的学生发展意识明显较强，多会强调资源保护和环境治理与经济发展的协调性，非常坚持要在增加收入、提高生活水平的前提下关注环境效益。访谈中，北方省份的同学多会表现得较安静、稳重，提到出行游玩时也不像南方省份学生表现出强烈兴趣或向往。被问及基本生态伦理立场时，他们虽然也多会选择非人类中心主义立场，但时有犹豫，而对于生态文明建设目标，他们的态度也较为悲观，甚至认为只是空谈。

　　社会生活在本质上是实践的，"人类会依据不同的生态环境创造不同的文化特质，因此生态环境相似或地域上相近的区域就容易产生相似的文化特质"。南方地区水域较密集、植被种类丰富且覆盖率较高，南方城市商业文化气息浓重，开放程度较高，在这种自然和社会环境中成长起来的青年人会相对较开朗、自由。而北方地区以农耕和游牧文明为主，自然景观相对单一，多数地区开放较晚，人们的观念也相对保守，在这种环境中成长起来的年轻人性格相对低调，危机意识较强。由于时间和资源有限，在访谈和分析过程中笔者仅将受访者分为南方和北方两个群体，实际上如果真正按照文化区域划分会得到更加具体、细致的结论。总之，成长的区域环境对学生的生态观的形成和发展起到奠基性作用，影响着他们对宏观层面、政策层面的生态文明教育内容的认同度。

第四章　大学生生态文明教育的原则

人类文明身负历史积淀与人文精神而生，应时空更替、时移世易而变，同时又支撑并引领着与其共生的社会规则走向。"人类在 20 世纪中对地球造成的伤害也许比在先前全部人类历史中造成的还要多"，被工业文明改造后的地表形态和交往方式对人类文明的演进产生了强烈的诉求，从工业文明到生态文明的转向是人类高等智能的再次彰显，是人类承担共同社会责任、进行自我保护的必由之路。生态文明教育是生态文明建设的精神武装，它以一种饱含希望和善意的姿态走进教育视野，而包容性、实践性、发展性、导向性是中国特色生态文明教育与生俱来的特点，也是必须遵循的原则。

一　思想政治教育视野下大学生生态文明教育原则确立的基本特点

（一）展现马克思主义学科属性

思想政治教育视野下的生态文明教育虽是一个跨学科课题，但必须坚持其马克思主义学科性质，绝不能偏离、游离甚至违背马克思主义。在原则的设计和建设上一定要突出马克思主义学科属性，夯实马克思主义理论基础。

第一，思想政治教育视野下生态文明教育原则体系的马克思主义学科特点首先体现在对实事求是精神的把握和坚持上。实事求是精神是马克思主义活的灵魂，是思想政治教育学科建设和发展中需要坚守的精神阵地。将生态文明教育纳入思想政治教育视野是对思想政治教育学科建设的重要推进，在这一过程中依旧要深刻理解马克思主义精神实质，始终坚持用马克思主义的世界观、方法论以及马克思主义基本原理来分析、研究生态文明融入思想政治教育过程中的具体问题，从而在实现生态文明教育对思想政治教育有力扩展的同时，发现思想政治教育建设中违背实事求是精神的现象和做法，并加以纠正和克服。

第二，在教育原则上对马克思主义学科属性的体现还在于灵活运用马克思主义，力戒马克思主义应用中的教条主义和本本主义。对马克思主义坚持绝不意味着对个别论断的偏执固守和片面解读，而在于对马克思主义与时俱进的发展和就事论事的运用。将生态文明教育纳入思想政治教育视野，本身就是一种基于现实的、与时俱进的理论创新，所以生态文明教育原则体系设计也要灵活运用马克思主义，从宏观上把握马克思主义原理和方法论精髓，针对生态问题对其进行科学提炼，有的放矢地推进生态文明教育进程。

第三，要有高度的马克思主义理论自觉性。提升思想政治教育的马克思主义理论自觉性必然意味着要以高度的敏锐性和自觉行动关注学科建设与发展，以马克思主义的最新发展及其理论成果来引领学科发展方向，及时地把前沿、尖端理论引入学科中来，提高理论研究效率，拉升学科发展层次，推进实践创新。然而在现实中，这种敏锐性呈现得并不充分，主要体现在三个方面：一是对马克思主义最新发展成果关注欠佳，传统的思想政治教育学科话题和话语体系很大程度上限制了学科发展的外延，鲜见突破性创新；二是对学科前沿关注程度有限，往往只是止于泛泛学习，难以迈开步伐勇敢地将马克思主义最新理论发展带入学科建设；三是研究深入程度不足，理论与实践的结合程度受限。因此，将生态文明教育带入思想政治教育视野既是对马克思主义生态文明理论成果的高度关注，也是对思想政治教育发展的真正突破，更是对马克思主义前沿理论的实践转化。

（二）突出大学生群体针对性

思想政治教育原则是思想政治教育理论体系中更具有先决性和规定性的一部分内容，思想政治教育视野下的大学生生态文明教育原则应是针对大学生群体的独特原则，要适应大学生群体需要，满足大学生群体发展要求，从而获得更大说服力和感召力。

第一，生态文明教育原则针对大学生群体所处多元化社会文化环境。综观人类历史，任何社会形态中，社会存在的多样化对社会生产力发展的推进和社会活力的增强都有着重要的意义，没有多样化，失去多样化，社会主义将失去蓬勃发展的良好态势。多样化的社会存在不仅在客观上能够推动社会生产力和经济社会的快速发展，并且能够对人们的思想观念、行为方式、生活方式以及价值观念的多元化发展都可以产生强大的助推力。对于精力旺盛并乐于接受新鲜事物的大学生而言，多样化的社会存在更容易受到他们的欢迎，所以大学生在思想活动过程中所表现出的自主性、差异性和多变性尤为明显。"大学生思想状况的新情况、新变化源自多样化的社会存在，是大学生对多样化社会存在在思想观念上的直接反映。"① 因此，认真研究新形势下多样化的社会文化环境，创新大学生思想政治教育发展理念，注入新的内容和话语形式是学科建设的客观需要，而生态文明作为大学生所关心的现实话题正与大学生的消费理念、行为方式产生不断互动，需要得到思想政治教育的关注。

第二，生态文明教育原则针对大学生群体所承担的现实压力。高等教育改革带来了教育产业化发展，有效将社会资本引入高等教育，极大地推动了高校的快速发展，但与其共生的一系列新情况、新问题也需要引起重视。例如，在高校扩招、高等教育快速普及的背景下，以往的毕业分配再难实现，"自主择业，双向选择"的就业制度给大学生带来了极大的就业压力，高校内部的后勤社会化改革无形之中增加了学生的生活开支，而不断上涨的学费更是给在校生带来了极大的经济压力，而很多学校将补助改成奖学金发放虽然可以提高学生学习积极性，但也给贫困学生带来更大学习压力，随着这一系列压力而来的还有学生的思想问题、行为问题和心理问题。这些问题与高等教育改革政策有着密切的联系，思想政治教育作为高等教育的精神食粮，应成为大学生疏导压力的诉求方向，所以思想政治教育要与高等教育改革紧密结合，使学生正确认识压力，协调学生与学校之间、学生之间的利益关系，从精神层面给学生带来正能量，从而提高学科本身的针对性和实效性。生态文明所倡导的极简生活方式和有机联系思维正是纠正学生奢侈消费理念，帮助学生树立积极生活态度和绿色生活习惯，开阔学生心境的先进理念，有利于思想政治教育针对性的提升。

第三，生态文明教育原则针对大学生学习生活习惯。作为新兴媒介

---

① 苗聪：《论生态思维方式及其构建》，《学术探索》2014 年第 6 期，第 12 页。

的最主要应用群体，当代大学生早已将新媒体生活作为最重要的生活习惯。新媒体的时效性、互动性等特点可以有效提高信息的传播速度，扩大其影响范围，信息网络化营造的虚拟环境提高了社会的包容度提升价值理念的多样性，这与生态文明的内涵和导向是一致的，所以生态文明教育本身就针对大学生生活习惯，生态文明教育原则也必定具有针对学生生活习惯的特征。

（三）融入生态文明有机思维

生态思维是一种有机的联系性思维方式，生态思维的融入是确保大学生生态文明教育原则体系科学性的基本前提。

首先，生态思维的融入要从生态责任和生态理性出发，突出生态思维特征。主体在社会生活中由于认识和行动的需要在面对事物时产生了思维，但生态思维的获得除了要求主体能够感受到生态问题，更需要思维主体具有生态危机感和生态责任感，因此生态思维实际上是一种在利益和道德推动下的生态思考。没有生态责任和生态理性的融入就不可能形成以联系和共享为核心的生态思维理念，更无以指导生态文明教育，以规定性构建生态文明教育原则框架。

其次，生态思维的融入要将生态思考建立在对基本生态原理认知的基础上。生态哲学最早揭示的人与自然界、人与人的相依相生关系，生态生存关系。要想形成生态思维首先必须习得有机的联系性思维习惯，构筑一种人与自然相互融合的思维环境，把一个地区的人与环境作为一个生态整体进行思考。生态思维对生态教育原则构建的启发也在于将这种包含自然与社会的系统思考和宏观认识贯穿于教育过程始终。

最后，生态思维的融入还在于从生态绩效出发对生态文明教育原则进行思考。生态问题是经济问题，是社会问题，也是政治问题，如果从有机主义世界观来看，生物体与它们所处的环境是密不可分的，它与其他事物之间的关系构成了它的本质属性。所以生态问题与政治问题、经济问题、社会问题等其他各方面的问题是牵一发而动全身的关系，要想从根本上解决生态危机，就一定要把生态思维落实到社会生活的方方面面。生态文明教育原则的构建也同样要考虑到教育的生态效益，力争通过教育的广泛影响力创造出最大的生态绩效。

二　大学生生态文明教育的主要原则

（一）生态文明教育的包容性原则

包容性原则是指在生态文明教育活动当中，应充分拓宽视野，以包容性思维贯穿教育全过程。对生命和生存权利的尊重是包容性原则的根本内核。第一，要激发教育对象对其他自然存在物生存权利的尊重，引发其对和谐自然环境的热爱和向往。第二，在教育过程中，坚持思想政治教育方向性原则的同时，对不同的见解、看法甚至价值理念要表示理解，适当吸取其中的先进、实用部分，避免对立性思维。

生态文明教育中，对包容性原则的坚持是由文明的本质属性和发展需求决定的。"文明是人类最高的文化归类，是人们文化认同的最广范围"，文明本身即应是包容广泛的，对多种多样的客观因素和主观自我认定的包容是使其得以延续的内在前提。然而，在"文明"这一共同体中，对立性是与包容性共同存在的矛盾的另一方面，在文明发展的不同阶段，二者互为消长。机器大工业生产条件极大地强化了文明中的对立性要素，使社会关系和人地关系都陷入了危机，从工业文明向生态文明的转变是文明向包容性的复归，所以对包容性的遵循和强调是生态文明教育与生俱来的责任。

综观人类历史进程，导致文化迂腐、社会消沉的往往不是乱世，而是包容性的缺失。中世纪罗马教皇为确立和保持自己的独立地位，用经院哲学和严格的禁欲主义控制人们的思想和社会文化发展，对"异端"进行残酷惩罚，甚至将古罗马图书馆付之一炬，使西方古典文明走向尽头。明清两代盛行的"文字狱"和八股取士等文化专制行为使文人受到长期的整体重压，最终结束了唐、宋、元三代的文化繁荣，文化领域进入沉闷时期。如果文明是个正在成长的青少年，那么包容既是他的本性又是他最优秀的品质，只有当这种品质得到鼓励时他才能获取最丰富的学习资源、积极健康地成长。大学生正处于思维活跃的青年时期，包容能够让他们在学习过程中感受到生态文明的深层魅力，带有包容性的生态文明教育不仅迎合了他们的表达欲和好奇心，更是在对生态文明理念的实际践行。

坚持包容性原则是对传统文化的适应和传承。中华文明的绵延不绝正得益于其广泛的包容性及庞大的人口基数。肥沃的土地和富庶的资源曾给我们的祖先带来了无尽的力量和无限的荣耀，多样的地理环境和温和的气候条件给现代生产力系统输送着不竭的独立实体要素，得天独厚的自然生态环境是中华文化生生不息、绵延不绝又极具独立性和吸引力的最坚实基础和最深层根源。而近代工业发展过程中系统性生态思想的缺失、消费主义的盛行以及对传统 GDP 的片面追求给国家发展带来了新的危机，也给中华文明的丰富和调整提出了新的挑战，对自然生态的关怀是中国传统文化中流淌着的一腔热血，它在《诗经》中穿梭、唐诗宋词中跳跃、在水墨画里永生。自然界是传统文化得以孕育的摇篮、得以喂养的乳汁，大自然对万物的包容广博而无限，这种包容熔铸在传统文化中，本身即是一种生态文明呈现。包容性原则是最能体现中国特色的生态文明教育原则，它奠定了社会主义生态文明教育的谦和基调，赋予了生态文明教育强大的吐故纳新能力，彰显着中国特色生态文明教育的广阔发展空间和巨大潜能。

坚持包容性原则是坚持思想政治教育基本原则的要求。包容性原则与思想政治教育的民主原则、渗透原则、主体原则等原则的基本理念相一致，都强调对受教育者主体人格的尊重以及对其主动性和创新能力的激发，追求的是一种更平和、更具开放性的教育模式。在包容、开放的教育环境中，受教育者可以得到更多自信，更自如地与教育者进行交流。而只有了解了受教育者内心深处的真实想法，把握其心理变化历程，教育者才能归结出教育对象的思想品德形成发展规律。整体性、层次性、辩证性、发展性是思想政治教育原则体系的基本特征，体现在生态文明教育中都离不开包容性的支撑，思想政治教育视野下的生态文明教育需要以包容性为基调才能确保对多种教育理念和内容的吸收，从而保证整体内各部分的协调，分清层次、全面发展。

在生态文明教育中坚持包容性原则要做好以下几方面的工作。第一，要营造和构建包容的教育环境，培养学生的包容性思维。"海纳百川，有容乃大"，生态文明教育是一种价值理念教育，教育者本身要认同并践行这种理念，用它营造出自由、开放又不失严谨和认真的教育环境才能有效培养起学生的包容性思维习惯。第二，在教育资料的搜集和教育内容的组织过程中对不适合社会主义生态文明建设的观点不应片面否定，而应客观呈现，在探讨中让学生做出科学选择。早在先秦时期孔子便以自由式谈话为授课方式，重启发诱导、轻指令灌输，现在这种方法又被许多教授学者重拾，再现于现代课堂教育。所以，对于西方生态文明教育理念中与社会主义生态文明建设不相容的要素没有必要打击或逃避，而应以一种包容的态度对其成因和适用范围进行分析和探讨，鼓励学生独立思考、理性分析，在求真求实的过程中使教学过程更加活泼有趣。第三，教育者自身要有丰富的学识和广阔的胸襟。教育者在教育过程中终究发挥着主导作用，其作风和素质对包容的学习氛围的营造起着决定性作用。"敦兮其若朴，旷兮其若谷"，自古以来，越是德行高尚、知识渊博的人越微妙玄通、虚怀若谷，所以，教育者较高的个人素质是生态文明教育包容性原则得以贯彻的重要保障。另外，包容性原则虽然体现着思想政治教育视阈下的生态文明教育的价值内核，但不能因此忽视社会主义生态文明教育的方向性，要把握住正确的政治方向，顺应社会主义社会发展要求，在推崇一元的基础上包容多元，探索并坚守与社会主义核心价值观相一致的生态价值理念。

（二）生态文明教育的实践原则

实践原则是指思想政治教育视野下的生态文明教育要以实践经验为基础，在认识自然、改造自然的实践活动中开展教育活动，依据实践需要对教育体系进行发展。实践思想是马克思主义学说的核心，是区分新旧唯物主义的基本标志，坚持实践性原则，是把握生态文明教育社会主义性质的关键，是生态文明教育思想得以科学发展、生态文明教育活动得以顺利开展的前提和条件。具体来讲，首先要贯彻落实"实事求是"的思想政治教育基本精神，以社会主义生态文明建设需要为依据构建生态文明教育理论体系。另外，要把教育场所从教室扩大到户外，创造机会，使学生真正投入认识和改造自然的实践活动中去。

生态文明教育的实践原则体现着深刻的理论根源和广泛的现实需要。文明的形成和丰满必定以意识为土壤和源泉，文明的弘扬和传承必定以意识为载体和途径，而意识自产生之日起便是对自然界的意识，它在人类生产过程中始终无法摆脱对物质的依赖和纠缠。"劳动这种生命活动、这种生产生活本身对人来说不过是满足他的需要即维持肉体生存的需要的手段"①，人的意识在劳动实践中形成和改变，人的类特性和社会属性需要在劳动生产实践中才能得以实现，而作为劳动对象的自然界是维持人类自由的、有意识的活动的最根本基础，是彰显和实现人的类特性的最基本要素。文明的演进过程是劳动逐步走向自由化的过程，脱离劳动实践的文明是虚妄的、假想的、不存在的。在生态文明理念下，人类会把自身和自然都作为现有的、有生命的类存在物来加以善待、尊重，会成为一种普遍意识贯穿于各类生产生活实践全过程，崇尚节制的简单生活理念将取代消费主义，带给人们更独立、更超脱、更高层次的精神满足。意识的物质依赖性决定了文明的历史性和实践性，生态文明对生产力和生产关系评价视角的变更对劳动实践的质量和效率产生了更高要求，然而，对这种变化的体会和接受必须要在实践过程中才能实现。这就赋予了生态文明教育天然的实践属性，只有在实践中，人们才能观察到生物的变化和生长规律，获得知识和安全感；只有依托实践教育，人们才能感受到改善环境、拯救其他物种带来的成就感和满足感；只有在实践中，人们才能真正感受生命、了解生命从而尊重、敬畏生命。

实践本身就是思想政治教育的重要形式，而生态文明教育的纳入对思想政治教育提出了更高的实践要求。传统思想政治教育中的道德教育以人与人之间的伦理关系为研究对象，各项教育内容都寓于日常人际交流之中，课堂之外即是实践学习机会，而生态伦理教育主要以人地之间的伦理关系为研究对象，多数学生少有实际户外活动或作业机会，如果

①　庄友刚主编《马克思主义原著选读》，苏州大学出版社，2014，第 8 页。

教学仅限于课堂，理论将难以付诸实践，学生们更难以真正领会和接受生态文明理念。思想政治教育视阈下的生态文明实践教育是对生态意识、生态思维、生态习惯的教育，因而有着鲜明的特色。第一，在实践中学生可以领悟到最现实的生态伦理。生态文明教育实践课程要求教育者与受教育者一同认识自然规律，感受自然作为生物共同体的先在魅力，例如日本大学生和中学生在实践课程中会被要求观察工业污染对周围环境的影响情况，他们需要定期采集数据，自行归纳出环境变化的过程及其对周边生物圈的影响，思想政治教育视野下的生态文明教育也可以采纳这样的教育形式，但重点在于对学生人地伦理思维的启发和引导，教育并督促学生在观察和总结的过程中感受人地平衡的重要性，形成生态意识，自觉将道德关怀普及到自然界。第二，生态实践教育要给学生提供独具中国特色的生态文化感受。在很大程度上，文化特色是由特定的地貌环境决定的，山地临海地形造就了古希腊文明的自由意识和写实尚力的文化特质，中原地区的平原地势与发达水系是中华文明的发源地，孕育了传统文化柔中带刚、抽象贵柔的独特魅力。所以，在亲近自然的实践教育中，教育者要引导学生感受中华文明得以形成和发展的生态根源，体会传统文化的智慧所在，理解我国生态文明教育的不同之处，传承中国特色生态文化理念，使生态文化教育感人至深。第三，自然界之美可以给人极大的精神享受，激发人们进行文化创造的灵感，无论是梭罗笔下的瓦尔登湖还是唐诗宋词中的崇山峻岭都是作家在游历中对美的领悟、对美感的抒发。所以，生态实践教育作为生态文明教育的重要方面要使学生在实践中体悟自然之美，有意识地培养其审美能力和艺术创造力，从而提升其精神生活层次，帮助塑造其积极健康的向上人格。

（三）生态文明教育的发展原则

发展原则是指生态文明教育要放在发展的前提和视阈下进行。首先，要以个人和社会发展作为教育的根本目的和旨归，以发展理念贯穿教育内容，不能脱离发展需要陷入深层生态学的生态神秘主义、生态法西斯主义等怪圈。另外，发展原则还体现在生态文明教育理论本身要具有发展性，要随着社会主义生态文明建设理念的不断创新进步而进行完善。发展是教育的固有属性，高等教育的目的在于通过综合素质的提高、独立思维习惯的养成实现更高层次的个人发展。从国家、社会层面来讲，"在社会主义现代化建设中，必须把贯彻实施可持续发展战略始终作为一件大事来抓"[①]，环境保护是经济建设需要考虑的重要因素，但发展本身才是生态文明教育的出发点。

"一切人自由而全面地发展"是马克思主义的最高命题，是思想政治教育必须坚持的根本方向。发展，延续着文明的生命力，刺激着文明不断自我超越；同时，文明的层次牵动着发展速度，也限制着发展尺度。生态文明在更广阔的视野下将个人、社会和自然的解放看作协调一致的发展过程和发展成果，换句话说，生态文明是更加和谐的文明、更加全面的文明和更促发展的文明。生态文明教育因生态危机的肆虐而起，其目的在于提高人们的环境意识、可持续发展意识，将看待事物、处理问题的视角从微观、短期、片面扩展为宏观、长期、联系，将可持续发展观念化作雨露浸润人们的思想意识，从而为社会主义生态文明建设提供精神动力和智力支持。面对发展过程中出现的新问题，思想政治教育要把生态文明教育纳入其视阈之下才能保持自己的发展属性并实现

---

① 江泽民：《江泽民文选》（第一卷），人民出版社，2006，第 532 页。

现代转型，生态文明教育也必须要保持与思想政治教育目标、任务、原则、方法的一致性，贯彻思想政治教育的基本精神才能够适应中国国情、体现中国特色，推进自然环境、经济社会和最广大人民群众的全面发展。

在生态文明教育中坚持发展原则需要做到以下几点。第一，教育者要善于洞察受教育者多样化的发展需要，从而合理安排、整合教育内容。从专业上看，一般来讲，人文社科类专业学生有着较强的主体意识和更加儒雅的个人气质，而自然科学类学生则有着更加务实的学习态度和更加缜密的思维能力；从地域上看，南方学生较细腻温和，注重资本财富积累和自在、悠闲的生活环境创造，而北方学生较粗放豪爽，与金钱相比更看重权利和荣誉。大学校园是个苗圃，大家虽背景、喜好不同，但都希望可以在此成长、绽放。在生态文明教育理念下，个人任何形式的发展愿望都应得到尊重，高效的生态文明教育的开展，应该是整体性和层次性的统一，教育者既要把握好大学生作为一个整体的共同的毕业和就业发展需要，敦促他们将对自然界的普遍关怀带入未来的学习和工作中，养成合宜的生态化思维习惯和健康节约的生活习惯，另外还需要对教育对象适当分层，积极调整教育内容和教育方法，对有着不同发展目标、不同个人背景的学生进行区别化教学。第二，教育者要在生态文明教育中着力培养学生的发展意识，启发他们从自然生态中得到发展力量。自然界内含的无限生机可以形成强大的精神感召力，"客土植危根，逢春犹不死"，"鸣蝉厉寒音，时菊耀秋华"，当情绪低落时，人们可以从其他生物的强大生命力中得到发展动力；当心浮气躁时，人们可以从草木枯荣中领悟生命的消长规律。人与自然的发展过程是一致的，大学生发展意识的培养与生态文明教育理应得到自然融合，在科学发展观指导下的生态文明教育将给个人和社会带来源源不断的力量和信心。

（四）生态文明教育的导向性原则

生态文明教育的导向性原则是由思想政治教育的性质和青年学生的心理特征共同决定的。导向性原则首先要求大学生生态文明教育要有明确的政治立场，坚持社会主义、共产主义方向，服务社会主义生态文明建设，与"四个全面"战略布局要求保持一致。另外，作为思想政治课程教育的一个方面，生态文明教育内容要有鲜明的指令性和可操作性，能够对学生的生态思维和行为习惯养成起到指导作用。思想政治教育具有强烈的政治倾向，而学界已有的生态文明教育理论都是被不同的价值理念所支撑、支配着的，因此社会主义的生态文明教育必须坚守马克思主义生态文明思想，始终贯穿社会主义核心价值观。大学生生态文明教育体系的构建需要与政治素养教育、理想信念教育以及思想道德教育有机结合，体现生态文明教育的中国特色、时代特征，帮助大学生塑造更加坚毅、自信的魅力人格，养成更加善良、博爱的情感关怀。

坚持导向性原则的意义主要在于两个方面。第一，坚持导向性原则是保证生态文明建设社会主义方向、维持社会稳定的必要手段。生态文明建设早已成为一个世界性课题，以保护生态环境为噱头形成的社会团体、政党力量甚至极端组织早已遍布各国，它们极大地推动了人类生存环境的改善，但也时常对稳定的政治环境造成威胁，比如极端动物保护组织 ALF（动物解放阵线）以保护动物的名义进行打砸抢烧等行为，已被定义为国际恐怖组织，而其覆盖面达 36 个国家，其踪迹几乎遍布整个欧洲大陆。生态文明的基础是文明，是对动物属性的超越，是在和平环境下实现的普遍发展。西方生态文明思想普遍陷入极端自由化泥潭，对人们行为的控制缺少平衡界限，难以把握尺度，虽获得极大成功但也带来很大隐患。思想政治教育视野下的生态文明教育服务于社会主义生态文明建设，是以科学发展观为指导的教育，是坚持四项基本原则的教育，是以人与自然的共同发展为最终目的的教育，它既反对忽略自然界自在价值的人类中心主义，也拒绝以禁欲和放弃自身发展为手段的极端生态主义。第二，坚持导向性原则是指导大学生养成科学生态理念、提升信息辨识能力的保障。大学生在心理上正处于懵懂阶段，作为最大的新兴媒介应用群体，他们每天都受到信息爆炸的冲击，如果缺少充足的知识储备和崇高的理想，他们很容易受到其他社会思潮的影响，从而削弱生态文明教育效果。另外，尤其对于低年级学生来说，其学习意识大于创新意识，具体明确的指令性的教育内容更容易被其接受和应用。

　　大学时代会对人的一生产生深远影响，而身处这个年龄段的大学生有着非常特别的心理状态。一方面，他们正迅速走向成熟而又未成熟，另一方面，他们很容易受到外界影响，发生心理波动。大学生生态文明教育必须具有明确的指导性，要指导他们形成独立思考的能力，从而在此基础上树立崇高的、与社会主义生态文明建设相适应的理想信念。大学生是刚刚成年的青年人，他们刚刚开始独立生活，不得不经历快速成长的压力、习得克服惰性的毅力，在这个过程中，他们会经历心理异化、自我迷失甚至无法成长起来并患上"成人幼稚病"。所以这个阶段的思想政治教育要拿捏好力度，一方面要重视引导和监督，敦促他们从精神依赖走向行为独立，培养他们独立思考和独立解决问题的能力，另一方面要给他们一定的空间，对他们的想法表示理解和尊重，从而使他们形成尊重自己和他人的意识。同时，理想信念教育是大学生思想政治教育的重要内容，江泽民同志曾指出："青年人负有遐想和抱负，憧憬着美好的未来，这是青年的特点也是优点。但需懂得，个人的抱负不可能孤立地实现，只有把它同时代和人民的要求紧密结合起来，用自己的知识和本领为祖国，为人民服务，才能使自身价值得到充分实现。如果脱离时代、脱离人民，必将一事无成。"理想是源于社会实践的精神现象，它附着着阶级和时代的烙印，大学生在树立个人理想之前需要对社会理想、国家理想有具体、全面的理解，将社会和国家理想融入其个人理想之中，形成贴合实际并富有责任感的崇高个人理想。在"五位一体"建设中国特色社会主义的背景下，关于生态环境的各种新闻、言论鱼龙混杂，甚至已成为某些势力对我国民主政治建设的攻击借口和武器，大学生需要对发展现状和发展的国内外环境有一定认知才能形成独立思考的能力，才能将生态理想纳入理想体系，在科学发展观的指导下养成健康生活习惯、塑造崇高生态道德观。

第五章 大学生生态文明教育的
内容构建

　　文明，似星空、似汪洋，浩瀚无垠、包容万象，却又在星移斗转、惊涛骇浪间淘出最永恒的美。文明一方面包括了人类为了控制自然力量并攫取其财富以满足人类需要而获得的全部知识和能力；另一方面，它还包括调节人与人之间的关系的尤其是调节可用财富的分配所必需的规章制度。① 人地关系和社会关系是文明的永恒内容，这样的主题在生态文明理念中更是得到凸显，江泽民同志早在 1996 年做出可持续发展指示时就奠定了社会主义生态文明建设的基调，他指出：经济发展，必须与人口、资源、环境统筹考虑，不仅要安排好当前的发展，还要为子孙后代着想，为未来的发展创造更好的条件，决不能走浪费资源和先污染后治理的路子，更不能吃祖宗饭、断子孙路。思想政治教育作为完成党的政治任务的中心环节，承载着培育生态思维、营造生态文明建设软环境的历史使命，其视野下的生态文明是有着社会主义表征的、可持续发展的生态文明，是平衡、和谐、公正、平等的人地关系和社会关系。

---

　　① 〔奥〕西格蒙德·弗洛伊德：《论文明》，何桂全等译，国际文化出版公司，2000，第88 页。

188

一　以生态伦理教育奠定方向

在人类历史长河中，文明的两方面呈现在不同价值导向下的同向发展，生态文明以人地关系为视角展开，是一种回归本真而又兼收并蓄的文明形态。生态伦理的研究对象主要是人与自然的关系及其变化规律，是一种关于自然的道德价值和道德秩序，它奠定了生态文明教育的价值基础。在不同的生产力发展条件下、不同的社会形态中以及不同的价值导向下都会形成不同的生态伦理，对生态伦理的内涵、发展、类别等内容进行全面教育才能使学生认识到马克思主义生态伦理思想的先进性和科学性。

（一）生态伦理的分类

依据不同的标准，产生了不同的生态伦理分类。第一，从生产力发展水平来看，生态伦理经历了依附并顺应自然、征服自然到人与自然和谐发展三个阶段。在农业文明时期，全球人口较少，对生产和生活资料的需求较小，以农耕和放牧为主的生产方式可以实现供需平衡，保持社会稳定运行。而这样的生产方式对自然条件的依赖性单一而强烈，加上人类抵御自然灾害能力较差，气候和地表形态几乎可以决定人的命运，所以这一时期的生态伦理呈现一种顺应自然、依附自然的形态特征。到工业文明时代，人口急剧增加、社会需求激增，自然科学和机器动力的快速发展给人类带来了前所未有的自信及占有欲，这时的人地关系中，人类一跃成为主导者，从探索自然、开发自然一路走向掠夺自然，从而导致生态危机。频发的环境问题、屡屡激化的社会矛盾，使人类再次陷入了对自身生存发展前景的担忧，人们不禁开始反思工业文明的价值导向，重新审视人与自然的地位关系，不断探索出一种适应发展限度，更具包容性和生命力的文明形态，生态文明由此而生。第二，从价值主体来划分，生态文明可以划分为人类中心主义和非人类中心主义两种类型，人类中心主义认为，人是唯一有能力判断是非、衡量善恶的价值主体，在人与自然的关系中人注定处于核心地位，因为自然存在物是否存在价值只有人能评判，只有被人利用，给人带来效益才能实现其价值，所以人可以自主、自由地利用自然。在人类中心主义视野下，即使是环保行为也是从人类自身的发展需要出发，而非出于对自然的尊重。与人类中心主义相对应的是非人类中心主义，非人类中心主义将价值细化，提出了内在价值、生态价值、固有价值等价值形态，认为自然作为一种先在于人类社会的独立存在是有其内在价值的，整个生态圈形成了一种生态价值，这些价值共同维护着生态平衡和环境持续发展，是不以人的意志为转移的，而人类中心主义视野中的价值只是一种工具价值。第三，从地域上来分类，生态文明在东方和西方也呈现不同特征，而这些特征也明显地反映了它们的区域文化形态。西方的生态文明思想自由而浪漫，以一种博爱的情怀展开，认为任何形态的生命都值得尊重，这种价值理念突出表现在他们的素食主义中，梭罗就曾说过，"我相信每一个热衷于把他更高级的、诗意的官能保存在最好状态中的人，必然是特别地避免吃兽肉，还要避免多吃任何食物的"①，史怀泽也认为，"敬畏生命不仅适用于精神的生命，而且也适用于自然的生命，人越是敬畏自然的生命，也就越敬畏精神的生命"。② 而东方的生态文明思想极具现实性，具有较强的实用主义精神。在亚洲国家中，日本和新加坡的环保工作是首屈一指的，这两个国家都是资源紧缺的岛国，所以环保行为很

① 〔美〕亨利·梭罗：《瓦尔登湖》，徐迟译，吉林人民出版社，1997，第 203～204 页。
② 〔法〕阿尔贝特·史怀泽：《敬畏生命》，陈泽环译，上海社会科学院出版社，1996，第 19 页。

大程度上是客观条件所迫，尤其是日本，在尝尽了环境破坏带来的苦果后，日本本土的环保工作从形式上到精神上都做得非常细致、全面，但在其本土以外多次发生破坏国际环境协议的行为，不难看出，其生态伦理具有极强的功利主义色彩。

（二）大学生生态伦理教育内容构建

我国的生态伦理教育必定是以马克思主义生态伦理思想作为根本指导思想的，马克思主义生态伦理是对马克思、恩格斯论著中关于人与自然关系的论述的总结，这些论述贯穿在马克思主义理论体系中，可以说马克思主义哲学、政治经济学以及科学社会主义思想的形成发展都是在其自然观基础上展开的。所以，马克思主义生态伦理是一种有着鲜明特征的先进生态伦理思想。

马克思主义生态伦理从人的视角展开，体现的是对全人类的普遍关怀，是一种以人为本的生态伦理思想。他指出"自然界一方面在这样的意义上给劳动提供生产资料，即没有劳动加工的对象，劳动就不能存在，另一方面，也在更狭隘的意义上提供生活资料，即维持工人本身的肉体生存的手段。"所以自然界是人类一切生产活动得以展开的基础，是人的无机的身体，对自然的尊重便是对人自身的尊重。而生态危机产生的根源在于资本主义制度下的异化劳动，要想彻底解决生态问题必须超越资本主义，实现共产主义，使人获得自由全面的发展，从而实现人与自然的共同解放。可以看出，这种以人为本的生态伦理并不同于人类中心主义，它实际上将人与自然看作相互融合的整体，最终的落脚点在于二者的共同发展，而不是仅关注人类利益，蔑视自然价值。

另外，马克思主义生态伦理最终还是回归于实践。在马克思、恩格斯的论著中，对人地关系的论述多与社会关系论述共同出现，自然界有时用以支持人的自然属性，更多时候作为人类劳动实践对象出现。"无论是通过劳动而达到的自己生命的生产，或是通过生育而达到的他人生命的生产，就立即表现为双重关系：一方面是自然关系，另一方面是社会关系。""没有自然界，没有感性的外部世界，工人什么也不能创造"，然而劳动产生了美，劳动的异化也使工人变成了畸形，使自然被奴役。自然生态问题的解决最终还是要在尊重自然法则的基础上科学合理地展开实践。

总之，大学生的生态伦理教育应是一种系统全面而又相对开放的生态伦理教育，应鼓励学生在更多阅读、更多了解的基础上进行社会主义生态伦理思想灌输，正如北京大学易杨教授所讲的，社会主义的生态伦理应该构建一种"尊重与善待自然，关心自己并关心人类，着眼当前并思虑未来"的内容体系。

二　以生态意识教育贯穿始终

（一）大学生生态意识教育研究现状分析

我国学术界对"生态意识"的概念引进较早，随着生态问题的激化，生态文明建设战略的提出，对这一概念的探讨也在不断深入、细化。"意识在任何时候都只能是被意识到的存在，而人们的存在就是他们的现实生活过程"[①]，而生态文明与非生态文明的共存就是生态危机下的社会现实，广义的"生态意识"被理解为观点、情感、理论等所有关于人与自然关系的主观情绪的总和，这些情绪有的是符合生态文明

---

① 《马克思恩格斯选集》（第一卷），人民出版社，1995，第 72 页。

理念的，有的是背离生态文明的。从生态文明研究角度来说，"生态意识"是一种全面、联系地宏观认识问题的思维习惯。思想政治教育视野下的生态文明教育是对生态文明理念的精神播种，其探讨对象必然是融入自然和谐理念的狭义生态意识。大学生生态意识教育的目的在于改善其思维和生活习惯，将环保理念化为其潜意识，以一种环境友好、包容共存、相互尊重的思维和心态来对待人地关系和社会关系，从根本上提升其生态素养。

从调研情况来看，大学生已具备一定的生态意识，并且有改善生态环境的意愿，但是受社会现实和实用主义、利己主义价值观的影响，他们的生态意识体现出许多负面特征。在量表调研中对于与生态意识有关的问题，多数学生会选择"无所谓""没感觉"等中立选项，对于经济增长和环境冲突的相关问题，半数学生仍认为经济效益大于环境效益，有必要牺牲环境确保经济发展。访谈结果就更令人五味杂陈了，在接受访谈的样本中，多数为农业户口学生，他们一方面表示非常热爱家乡的青山绿水，也尝过污染之苦；另一方面，他们认为工业发展虽然破坏了环境，但确实显著改善了他们的生活，致富仍是当务之急。当被问起在以后工作中是否会注意环境效应时，他们表示在实习和生活过程中已经见过很多具体而现实的生产矛盾，认为社会大风气即是重增长、轻环境，自己也无能为力，总体来讲表现得很不自信。不得不承认的是，改革开放以来，我们的环境保护工作从立法到监督都有很大欠缺，生态意识作为人与生俱来的潜意识没有得到正面鼓励和培育强化，反而受到现实抑制和打压。而党的十八大后，生态文明建设工作破土动工，在各领域都得到突破性进展，大学生生态意识培养的客观环境得到很大改善，思想政治教育有责任也有能力抓住时机加强大学生生态意识教育。

（二）大学生生态意识教育内容构建

大学生生态意识教育是为将科学考量人地关系的意识全面融入学生的学习、工作、生活中，使环境关怀成为其道德关怀的重要部分。具体来讲可以从以下方面展开。

第一，生态学习意识。生态学习意识一方面是要培养学生对生态环境相关知识的兴趣，鼓励其自觉学习和了解相关知识，对人与自然的发展关系进行独立思考，以科学的生态价值理念引导其在自然生活中获得更开阔的心境和更包容的价值理念。另一方面，生态学习意识教育最重要的是要在学生的学习过程中注入生态意识，使他们养成一种从环境和谐的角度学习知识、思考问题的习惯，在面对一些著名理论和价值论断时可以认识到其时代局限性，以生态思维进行质疑，养成关爱自然的学习思维习惯。

第二，生态责任意识，如前文所述，从调研和访谈的过程中不难看出，大学生对待生态问题的态度趋于冷漠，对自己改变环境现状的能力存在质疑，尚未形成环境责任感。所以，大学生生态责任意识教育首先要帮其树立起改变生态现状的信心，相信自己作为先进的青年群体是具备改善环境的能力的。另外，生态责任意识教育的重点内容是对责任意识的培育，通过具体的行为要求或案例分析使学生明白只有将环境问题当作自己的问题才能确保自己的生态权益的实现。对于在校生来说，生态责任意识的培育要着眼当前、放眼未来，在校期间要具有生态生活责任，工作以后要不忘生态劳动责任。具体来讲，首先要注重生态生活意识的培养，小到珍惜粮食、节约用水，大到与同学老师的和睦相处都需要积极健康的生态意识为支撑。另外，要针对学生所学专业对其今后的生产行为进行提醒，使其熟知生产过程中需要注意到的生态行为，并认同生态文明建设理念。

三 以生态审美教育提升层次

（一）大学生生态审美教育意义

审美教育是以一切美好的精神产品对人进行全面感染，以达到提升人的精神境界、丰富人的知识智慧的目的。传统的生态审美教育体系是建立在康德二元论哲学基础上的人地对立的审美方式，是将自然作为客体，人作为审美主体的主客二分的审美观念。20世纪中后期，人们开始重新审视自身与生态环境的关系，生态审美在激烈的批判和探讨中实现了对传统审美的超越。现代生态审美是建立在广泛联系的整体性思维上的参与性审美理念，人不再是站在自然之外的审视者，而是内生于自然之中的美的感受者和创造者，所以现代生态审美教育需要一定的生态伦理和生态意识作为思想基础。

大学生生态审美教育旨在教育青年学生"以审美的态度对待自然、关爱生命、保护地球"[①]，实际来讲，美是一种愉悦的主观感受，当人在不经意间意外获得时才会觉得可贵，对学生进行审美教育的目的在于培养其发现美、认识美、寻找美甚至创造美的能力，主要是为使其形成一种积极乐观的认知习惯。从具体操作来讲，生态审美教育内容可以从三方面来组织。

（二）大学生生态审美教育内容构建

第一，是发现生态整体之美。生态系统是一个神奇而严密的自生系

---

① 曾繁仁：《试论生态审美教育》，《中国地质大学学报》（社会科学版）2011年第7期，第11页。

统，人作为一种独特的自然存在物，本身就是这一整体的一部分，如果将自己剥离出来审视自然永远都无法获得全面的审美乐趣。"美学与环境必须得在一个崭新的、拓展的意义上被思考。在艺术与环境两者当中，作为积极的参与者，我们不再与之分离而是融入其中"。① 所以，生态审美教育是在培养大学生的主体意识和生态责任意识的同时帮助其认识到作为参与者所获得的愉悦感。当人以整体、联系思维审视生态环境，将自己放入其中，便可以以一种友善、关爱的心态对待其他自然存在物，并获得平和带来的喜悦。

第二，是发现生命力量之美。对生命的尊重和珍惜是生态文明教育所要传达的主要理念之一，而审美地对待生命正是人们尊重和热爱生命的重要缘由。想要发现生命力量之美，首先是要认识到生存的重要性。现在，越来越多的青年缺少生命意识，精神迷茫，轻易便可做出伤害他人或自己的事情，这是对宝贵人生的亵渎。活着是满足一切发展需要的前提，生命的力量可以创造奇迹、可以重燃希望、可以激发进取。自然界中的所有生物都展现着强烈的求生欲望，生命之美外在于物、内在于心，感受生命力量之美是对年轻人薄弱意志的激励。

第三，是发现自然朴素之美。自然之美小可赏心悦目，大可震撼心灵，对自然的复归是深入人骨髓的难以摆脱的渴望。自然的美是多样的、自在的而又无须修饰的、朴素的美，这种美可以赋予人开朗的心胸和诗意的灵魂。梭罗在《瓦尔登湖》里是这样歌颂自然的——"世上没有一物是无机的。大地是活生生的诗歌，像一株树的树叶，它先于花朵，先于果实——不是一个化石的地球，而是一个活生生的地球"。自然的美宁静朴素但有着无限的震撼力，脱离都市的繁华，沉浸其中可以

---

① 〔美〕阿诺德·伯林特：《环境与艺术：环境美学的多维视角》，刘悦笛等译，重庆出版社，2007。

得到全身心的放松。生态文明倡导简单生活，自然的朴素蕴含着简单生活的真谛。感受到自然的朴素之美便会看轻繁杂的伪装，踏实生活，大学生生态美学教育中对朴素的倡导是对年轻人中消费主义、攀比心理的矫正，是对思想政治教育中思想道德教育的有力巩固和现实支持。

四　以生态法治教育武装精神

（一）大学生生态法治教育意义

党的十八大提出"要深入开展法制宣传教育，弘扬社会主义法治精神，树立社会主义法治理念，增强全社会学法尊法守法用法意识"。法治精神、法治理念、法治意识的培育一直是高校思想政治教育的重要任务，在《思想道德修养与法律基础》《毛泽东思想和中国特色社会主义理论体系概论》课程中都有呈现，同时也是校园文化、管理、制度等隐性教育手段所承载的重要内容和主题。党的十八届三中全会确立了生态文明制度体系建设目标，此后两年中，生态法治建设取得了突破性进展，生态法治意识和精神的培育也逐步进入高等教育视野。

（二）大学生生态法治教育内容构建

思想政治教育视野下的法治教育是对法治意识的培养和法治精神的强调，是现代公民培养所要完成的基本任务。但这个层面的法治教育重心在于对法理的宣传和知法、守法、懂法的责任意识的养成，并不需要过多涉及法律法规的介绍和讲解。生态文明理念下的法治是一种融入生态系统思维、体现环境正义立场、追求代际公平保障的法治形态，它既需要顶层设计的限定也需要民主力量的推动，而高等教育阶段的生态法治教育正可以起到承上启下和探讨协调的作用。高校生态法治教育旨在培养学生的生态法治意识，以生态文明理念对传统法治教育进行生态化改造，在学生当中树立起依法治国和依法治理环境的信心，以宏观、整体性、全局性思维分析各种矛盾冲突，从而形成对依法治国战略的认同和信服。

从调研中可以看出，当前大学生生态法治意识教育中是存在一些问题的。第一，学生对生态法治建设信心不足。在访谈中，有过社会实践经历的学生都提到遇见违反环保法律法规的现象，但责任人和周围群众都对这些行为反应漠然，违法行为也并未得到依法惩治，致使学生认为生态效益让位于经济增长是理所应当，对生态法治建设的力度和前景呈怀疑态度。第二，生态立法起步早，但发展速度慢，没能提供有力的教育依据。早在 1992 年，中国便向世界宣布已建立起有特色的环境法律体系，但 20 年来几乎没有得到完善和补充，没有针对发展中出现的新的污染和破坏行为进行全面修订，也没有随政策和机构调整重新划分权责标准，所以出现了漏洞和具体法规之间相冲突等问题，一定程度上削弱了生态法治教育的理论根基。第三，生态法治教育未纳入学校法治教育视野。当前高校校园文化建设中的法治教育多是对于人身财产安全方面法律意识的教育，少涉及生态环境领域。

党的十八届三中全会后，"我国的一些民事和经济立法在生态环境保护要求方面做出了积极回应"，在新制定和新修改的法律法规中都有生态环境保护的内容体现。在环境诉讼和执法方面，各级政府也都明显加大力度，2016 年上半年，仅北京就立案处罚环境违法行为 4531 起，这些都为生态法治教育提供了强有力的现实支撑。虽然，目前来看大学生生态法治教育中存在的问题多在校门之外，不可能依靠高校自己来解决，但近几年党和国家在生态文明建设中做出的努力和取得的成效有目共睹，足以鼓舞生态法治教育信心，助推生态法治教育启航。

第六章　大学生生态文明教育的途径及评价体系建设

一　大学生生态文明教育途径建设

在经济、政治、文化发生巨大变化的时代背景下，党的十六届五中全会提出了建设"两型社会"的目标，指明了生产方式变革方向，也为思想政治教育方式转变带来新的挑战。从思想政治教育本身来说，改革开放带来了科技的进步和人的思维方式的巨大改变，对更高层次、更丰富的物质和精神生活的需求，使人的主体意识得到快速提升，但同时给思想政治教育方式的转变带来很大压力。在信息化背景下，传统的理论灌输虽然仍旧是最基本的教育方式，但其感染力正逐渐弱化，思想政治教育的独特魅力需要在实践中得到展现。从生态文明教育特征来说，实践性是其固有属性，离开自然生活空谈环境保护、资源节约难以让人体会到生态环境与其生存发展利益的密切关系，社会主义环境下的生态文明教育关键在于认清我国仍旧是发展中国家的现状，把握好经济增长和环境保护的平衡点，不盲从、不偏激。综合国外教育经验和国内调查分析结果来看，思想政治教育视野下的生态文明教育需要在理论讲授的基础上以志愿服务、户外考察的形式来突出实践教育，提高新兴媒介利用率，全面提升教育广泛性和实效性。

（一）强化志愿服务教育

"志愿服务教育将人的发展需求与社会发展需求统一起来，弘扬了志愿服务参与者的社会属性和自我实现价值，使之更顺利地从生物人转化为社会人。"知识传授只是大学教育的一个方面，应用能力提升和思想道德素质的全面提高才是高等教育的根本使命和最大优势。大学生志愿服务活动的开展给予了青年学生将纯真善意转化为实际行动的现实机会，使他们可以在志愿活动中获得社会认可和心灵回报，是对年轻人内在美德和同理心的实际强化。在高等教育阶段对学生志愿服务理念、精神的教育和对志愿服务技能的培养对学生个体的社会化过程可以起到极大推动作用，是高校履行其社会责任的必要手段。志愿服务作为高校思想政治教育的重要手段之一，其目的是对大学生优秀人格的培养，因而应该是一个系统化、组织化和长期性的过程，活动主题选择、组织工作以及资源供给都需要高校自行提供，以志愿服务形式进行大学生生态文明教育是充满潜力的科学手段，但对思想政治教育工作的系统性、全面性提出了更高要求和更大挑战。

从国内外生态文明志愿服务实践来看，目前国外的生态文明志愿服务活动已经以课程作业、必修学分、劳动改造等多种形式融入学生课外生活，而我国高等教育阶段的生态文明教育实践活动仍处于空缺状态。根据大学生生态文明教育调研结果来看，对于是否参与过环保宣传活动的问题，仅有26.4%的学生明确表示参与过，而表示"愿意做或做过环境志愿者"的学生也只占到57.6%，表明学生对于环保志愿活动的参与积极性并不是很高，环境志愿服务意识不强。当被问起"你所在的大学会开展生态环境类公益活动或志愿活动吗？"只有 4.8% 的学生表示经常会，而 57.6% 的学生表示很少会。将问题范围扩大，问起学校是否组织过讲座、参观、社区服务等环境类公益活动时，也仅有 27.2% 的学生明确表示组织过，说明学校在相关志愿服务活动的开展组织方面仍有很大欠缺，单从频率上来讲就难以达到志愿服务教育要求，就更不用说活动的特色和目的性了。总的来讲，实践形态的生态文明教育在我国高等教育阶段虽已存在，但涉及人群和开展频率都十分有限，而志愿服务活动作为其中的重要形式远没有得到充分利用，偶然的或短期的志愿服务教育难以给学生精神上的感染更无法实现意志锻炼，而缺乏明确目的和指导思想的志愿服务实际是对资源的浪费。思想政治教育视野下的环境志愿服务是在社会主义生态文明建设框架下开展的志愿服务，是对学生良善人格、崇高理想以及优秀生活和工作习惯的塑造活动，其目的在于对社会主义生态文化的挖掘和对社会主义生态伦理的践行和传扬，是高尚形式和丰富内涵的结合体。

生态文明志愿服务的开展可以从志愿服务精神培养、活动技能培养和独立思考能力培养三方面着手。志愿服务精神的培养是所有志愿服务活动的基本任务，志愿服务精神源自福利社会建设，是活动可以持续开展的基本前提。一般来讲，志愿服务精神的培养主要靠相关主题和相似形式的活动的持续性开展来实现，在生态文明教育主题环境下，志愿服务活动可以清理垃圾、净化河床、优化动植物生长环境和栖息地、社区环境宣传等环保形式进行，在活动中引导学生把周边经济环境与自然环境进行综合考察，切实了解经济增长和环境保护的关系，科学把握平衡点，鼓励学生借助已有知识分析出综合平衡发展权益的方案、对策。在这样的活动中，不仅学生的创造力可以得到激发，他们对志愿服务的兴趣和热情也可以得到提升，对服务、助人行为的认可也会随之强化，从而养成高尚的志愿服务意识。生态文明服务活动技能的培养是志愿服务教育的难点，它对思想政治教育者的组织能力、生态知识储备甚至体能都有着很高要求，对于活动地点的选择、活动工具的准备都需要全面考虑安全、卫生、距离等多种要素，准备安全防护装备，提高学生安全意识。要使活动真正能够起到改善环境的作用，但也必须远离放射物、有毒物质等污染源。另外，生态志愿服务活动的形式决定了教育者要具备一定的宣传能力。独立思考能力的培养是志愿服务活动的另一大目的，志愿服务本身是无偿或低偿行为，不受物质利益驱使，所以人在活动中可以更加自主地选择观点甚至创造新观点。生态文明志愿服务给学生提供了认识环境现状和发展现状的机会，活动的持续开展可以给学生提供更多的资源帮助其获得全面认知，从而形成理性思考条件，鼓励其在活动中提出有利于产业结构升级和行业转型的建设性意见。

（二）广泛开展集体户外考察教育

户外教育是指通过让学生充分参与户外集体活动，养成交往技能和团队协作能力，通过活动感想交流扩展思路、开阔眼界进而生成成熟理性思维，"让学生去思考人生，反思现实，领悟道理，从而培养了学生的道德、智慧、知识、能力"。[①] 户外教育不同于志愿服务教育之处在于志愿服务具有服务性质，需要给他人和社会带来实际利益，使学生感受奉献带来的精神满足，从而实现思想升华。而户外教育是以集体活动和交流为主要形式的学习、研究行为，重视参与者的个体体验，可以不产生社会效益。户外集体教育形式与生态文明教育是源与流的关系，离开自然环境和户外体验，生态文明教育无异于闭门造车。但思想政治教

---

① 蒋佩瑶、刘志恒、文才新、薛保红：《高校开展户外教育的可行性研究》，《中国职工教育》2014 年第 22 期，第 167 页。

育视野下的户外环境教育必须要有鲜明的活动特色和明确的活动目的，需要把活动与课堂教育内容有机整合，认真挑选考察单位，甚至可以依托高校自行建设教育基地以提升教育的连续性和传承性。

与国外相比，我国高等教育阶段的户外考察教育存在很大欠缺。不可否认的是，很多学校都会以郊游、素质拓展等形式为学生提供户外活动体验机会，但少有学校将户外教育作为课程进行长期开设。另外，国内户外教育多数仅限于出游、娱乐等形式，活动本身缺少教育内容，学生在活动过程中并没有学习压力，不能把教寓于乐。而一些发达国家的户外教育课程从形式和内容上来讲都已经发展得十分完善，比如欧洲的户外教育以野外徒步和露营为主要形式，着重培养学生的探险精神、互助精神以及野外生存能力，学生们徜徉在田间草原，穿梭于山脉丛林，逐渐对祖国山河产生感激与热爱。加拿大的户外教育以基地教育为主要形式，政府运用财政支出与民间资本共同建设户外教育基地以供不同教育阶段的学生接受体验教育，一方面可以为学生们提供户外体验，另一方面可以方便管理。高等教育阶段的户外教育做得最好的国家非美国莫属，在美国高校中，户外教育既有必修课又有选修课，每个学生都必须修够一定的户外课程分数才能顺利毕业，户外课程分类也十分细致完善，从商业娱乐到自然历史，美国高校的户外课程有上百种之多，每学期都给大学生带来丰富的户外体验。户外教育活动的形式虽然多种多样，内容和目的也都各不相同，但都离不开环境教育主题，对于学生生态伦理、生态审美、生态情怀的养成都有着积极的启发和推动作用。

思想政治教育视野下的生态文明教育不同于单纯的生态文明教育，它适用生态文明教育的各种形式，但其秉承的是社会主义核心价值观，内含着集体主义精神，在中国特色社会主义教育体制下进行，追求人类社会与自然环境的平衡发展。所以思想政治教育视野下的生态文明户外教育是有秩序、有内容、成体系的户外教育，有着循序渐进的教育过程，具体活动可以按照以下三种形式展开。第一，可以采取野外研究教育，生态文明教育具有区域性特征，受所处地区的自然条件限制，所以其前提是对教育主体生活区域的自然条件的了解，在认识环境的基础上才能做出适合本区域的发展规划。野外研究教育的目的在于使学生亲近自然，认识自己所在城市甚至地区的地形、植被、水文等自然条件，这种研究不需要像生态学那样具体和深入地分析环境发展规律，只需要得到大致认知，形成基本自然生态意识，是其他形式户外教育开展的基础。第二，区域工业调研也应当成为户外教育的重要形式，学校可以组织学生对本地区重要工业企业进行参观，有条件的情况下甚至可以对企业职工和周边居民进行调研、访谈，并且与野外研究相结合，分析企业的污染和资源利用情况，自主判断企业发展是否与地区环境条件相适应、企业运营行为是否符合相关法律和规章制度，建立环境责任感，成为环境监督者。第三，要将生态户外教育纳入学生个人成绩评估体系。不可否认的是，在现有教育体制下，评估体系的建立对学生的参与积极性有着至关重要的激励作用，户外生态教育的评估可以作为思想政治教育理论课的实践课程部分开展，也可以作为学生社会实践课程进行评估。在有条件的情况下，高校可以开设环境伦理、生态文化等专门户外课程作为选修课，计入学生学分。

生态户外教育对高校的资金和硬件条件以及教师队伍建设都提出了更高要求。户外教育本身就需要解决教学器材、装备、交通等费用问题，如果将生态户外教育作为必修课纳入思想政治教育体系，仅依靠高校自身将很难得到充足的资金支持，所以，完善的户外环境教育需要社会各界的共同配合，尤其是公共设施的健全。户外环境教育的教师队伍建设也是必须重视的重要问题，虽然各高校除了思想政治教育学院或教研组之外都设有其他从事思政工作的部门和教师，但这些部门往往都还承担其他职能，这些教师也并非都是科班出身，甚至未经过严格专业培训，思政工作在他们的工作内容中早已被边缘化。所以，在这样的师资力量下开展户外教育不仅难以保障教育效果，学生安全都将存在极大隐患。思想政治教育视野下的生态户外教育队伍需要特别建设，教师最好是具有思想政治教育学科背景的长期专职从业人员，他们需要进行的工作除了实践课程的组织开展，还有授课地点的选择以及与相关企业和部门的交往、联系等。

（三）关注新型媒介教育

近年来，移动通信技术的完善和普及赋予了新媒体改变人们交往方式、生活方式的强大力量，它催生着新的文化现象，从观念上震撼着人们的生活根基，昭示着一个新时代的到来。新媒体的广泛覆盖面和极高传播效率使它一方面能够"强烈地影响并覆盖今天社会的广大受众，发挥增进团结、确认秩序、凝聚社会、构筑和谐的功能"，另一方面也可能"促成文化断裂、秩序解构、社会波动"。新型媒介教育早已是思想政治教育研究的重要内容，但思想政治教育在各方面对新兴媒介的运用都十分有限，而生态文明作为全球性话题早已在新兴媒介上得到广泛关注，对于社会主义的生态文明教育来讲，新媒体的运用是不可或缺的重要手段。

由于生态文明建设在我国起步较晚，生态文明理论研究也正处于发展和完善阶段，新媒体中对于社会主义生态文明建设的相关话题和讨论还都非常有限。但发达国家的许多生态价值观和发展理念在网络环境下传播已久，这些思想虽都包含环保理念，但实际上在很多情况下会对抱有环保热情的学生产生消极影响。具体来讲，当代西方环保理念多建立在自身经济社会高度发达的基础之上，透露着强烈的金本位导向和自由化意识，他们的生态立场更重视自身区域环境的保护，因而出现了垃圾出口、工业转移等行为。另外，西方生态文明理念多贯穿对环境的极度热爱和对社会发展甚至人际交往的抵触，这种生态观念很直接，也能够适应发达国家的经济社会环境，但较为简单和极端，不符合发展中国家利益和社会主义初级阶段建设需要。这些环境理念在新媒体上的传播会给大学生带来新鲜感，如果再与其高度发达的现状共同宣传则可以对年轻人的思想产生很强的冲击力，所以社会主义生态伦理和价值理念宣传如果不利用好新媒体工具很容易使年轻人对社会现实感到茫然，甚至影响其对政策的认同感和执行力。另外需要关注的一点，在于对负面信息的处理。现在，人们已经认识到环境问题是事关公民人身安全和健康的热点问题，很多国内外社团和公益组织都在使用新兴媒介对中国环境状况进行研究，也揭露了很多现实问题，作为一种监督行为，这的确可以对环境政策的完善和执行起到推动作用。但不难发现，有很多环保组织对于环境现状仅报道负面消息，而对政府和企业所做出的努力只字不提，有些文章甚至对社会主义制度提出质疑。从某种程度上来说，质疑声在理论界不失为一件好事，但在某一问题上如果缺少正能量的支撑将严重打击人们的积极性。所以，在新媒体已经成为主要传播媒介的情况下，生态文明教育必须充分利用新兴媒介，对社会主义生态文明建设目标、价值理念进行生动宣传，建立起有理有据、信息量充足、覆盖面广泛的新媒体教育系统。

新兴媒介教育主要需要做好平台使用、信息组织、线上线下相结合三方面工作。第一，虚拟媒介是新兴媒介的主要组成部分，如果使用虚拟媒介声像结合的传播教育信息将产生极强感染力，但从目前来看，思想政治教育的虚拟信息传播仅限于文字和图片宣传，没有充分使用虚拟媒介的多种功能。生态文明教育重在体验，在思想政治教育视野下，生态文明教育可以运用虚拟媒介真实呈现自然环境，甚至模拟出污染危害和理想环境状态，对于生态意识培养、生态理想树立都会起到很大促进作用。在平台使用方面除了技术的掌握和运用外，还有平台覆盖范围的扩大，生态文明教育不仅要通过宣传栏、广播、电视、政府官网等工具进行传播，还应充分覆盖微博、微信、QQ 等网络社交平台，大幅增加公众号的开发和维护，通过文章、视频、讨论等形式进行宣传，既可以迎合大学生们的交流娱乐习惯，又可以有效扩大传播范围，提高教育效果。第二，对于教育信息的组织要成体系、有秩序、突出主题、彰显特色。任何思想教育都离不开价值观的指导，社会主义的生态文明教育一定是以马克思主义为指导思想，以社会主义核心价值观为标尺进行内容整合的，要突出发展主题，贯穿权利与义务相一致的服务意识和责任意识。第三，针对新媒体中的负面信息和攻击性言论要利用课堂教育时间针锋相对地进行辩驳，使线上和线下教育有效配合。虽然虚拟教育有着很好的教育效果，但大学生作为有独立思维能力的成年人对于消极信息的接受程度总会有所保留，而教师的权威地位可以保障所灌输信息的可靠性。所以，对于网络上大肆渲染的严重环境事件甚至环境谣言，如果能在真实的课堂中得到解释和辟谣，会有效促进大学生学习积极性的提升和健康心态的养成。

（四）丰富生态文明理论教育

理论教育是任何教育必须具备的基本形式，"以科学的理论武装人，是新时期思想政治教育的基本理念"①，思想政治教育视野下的生

---

① 陈万柏、张耀灿：《思想政治教育学原理》，高等教育出版社，2007，第 222 页。

态文明理论教育是对马克思主义生态文明思想的讲授，是对社会主义生态文明建设理念的灌输，它奠定了生态文明教育的社会主义基调，引导学生逐步形成具有时代特色的生态意识、生态伦理观，养成良好的生态化生活习惯。

生态文明理论教育是其他教育形式得以顺利开展的前提，任何形式的实践教育如果缺乏理论指导、缺乏理论内涵都是空洞的、局限于形式的教育。目前本书所研究的生态文明教育已经具有了一定数量的理论成果，但生态文明建设实践开展的程度还不够充分，相关政策、措施依旧在探讨当中，与之配套的理论也都呈现零散、抽象、矛盾的状态，思想政治教育理论课中的生态文明教育内容也稍显单薄。生态文明教育首先是文明教育，是对人类优秀文化成果的传颂，它可以引发思考，可以涤荡心灵，而在我国，生态文明作为一种处于萌芽阶段的文明形态，想要在短时间内得到广泛实现必须依托理论灌输形式来获得认可，通过讨论来得到完善。

单纯的理论灌输是不符合新时期思想政治教育发展和转型要求的，尤其是处于发展初期的生态文明教育，教育理论需要在批判、探讨的环境中才能得到完善。大学生正处于懵懂而又渴望自我实现的年龄段，如果可以得到开放、包容的讨论环境他们是乐于表达的，所以对大学生进行的生态文明理论灌输应该是在灌输基础上的讨论，在传授基础上的修补。

二 大学生生态文明教育评价体系建设

生态文明教育评价体系是大学生生态文明教育体系本土化构建不可或缺的部分。教育评价既是检验教育效果的最重要客观依据，又是对教育过程进行监督的基本参照指标，如果缺少评价机制，便难以获得生态文明教育在思想政治教育视野下的有效反馈。目前，高校生态文明教育评价体系的不完整及评价工作的缺失是导致生态文明教育浮于表面、流于形式的主要因素之一。

（一）大学生生态文明教育评价的目标、对象和方法建构

思想政治教育视野下的大学生生态文明教育评价体系是在社会主义核心价值观指导下，以思想政治教育目标和生态文明教育目标为依据的科学评定指标体系。这一体系的构建需要从思想政治教育中的生态文明教育机制和学生的生态素养两个方面进行，从而检测出现有的生态文明教育工作是否对教育环境和教育条件进行了充分利用，是否符合学生的认知条件，能否满足学生发展要求。

1.评价目标和对象

节约资源和保护环境是我们的基本国策，党的十八届五中全会又提出了坚持绿色发展的发展理念，并从人与自然和谐共生、主体功能区建设、低碳循环发展、节约利用资源、加大环境治理力度几方面对生态文明建设做出具体部署。而生态文明建设成效的取得，除了硬环境的改善更需要软环境的优化，需要国民素质和社会文明程度的总体提升，对生态文明精神的崇尚是思想政治教育发展的趋势之一。思想政治教育视野下大学生生态文明教育评价要突出实践环节和学生生态文明素养的提高，评价体系制定的目标是培养有生态意识和良好生态行为习惯的当代大学生，为社会主义生态文明建设输送合格人才，为社会创造生态效益，有效助力全面小康社会建成。

对学校来讲，生态文明教育评价的目的是使学校提高办学水平、强化学生社会责任意识的有力手段。学校层面的评价对象主要是生态文明

教育机制建设、教育实践活动开展、校园文化建设、课堂教学、宿舍管理等多方面。

对学生个人来讲，生态文明教育评价主要是对在校生生态文明素养的总体评估，判断是否达到教育目标。个人层面的评价对象主要是学生生态意识、生态化生活习惯、生态价值理念、生态法律知识等方面。

总之，评价目标的制定要与思想政治教育视野下的生态文明教育内容、原则、方式相一致，要可以对教育过程起到引导、评定、监督的作用。

2. 评价的方法

思想政治教育视野下的生态文明教育评价体系建构要遵循系统性、重点性、可操作性、一致性原则，科学制定评价方法，全面评价思想政治教育工作中的生态文明教育效果，以及学生的生态文明素质发展水平。

具体来讲，生态文明教育评价方法可以分为校内评价和校外评价两个体系。校内评价第一是校领导和相关职能部门对学校各院系和各组织机构的思想政治教育工作中的生态文明教育进行评价，这种自上而下的评价可以采取小组研讨、报告、评比等形式进行。第二是对思政教学中的实践和理论教学的评价，可以采取教研组定期讨论、考试以及学生意见征集等形式，评价的主体为学校的思政和环境类专业科研部门。

校外评价的目的是考察学习生态文明教育所带来的社会影响，主要可以通过对学校所在街道和周边居民的调研实现，或者通过参与学生暑期社会实践、志愿服务项目等社会活动评选来进行。另外，独立的、专业化的第三方评价机构的引入也是高校思想政治教育评价的新趋势。

（二）大学生生态文明教育评价的内容建构

生态文明教育评价内容的建构要以文明程度提升为出发点，以学生素质提高为目标，坚持思想政治教育视角，把握住思想政治教育与生态文明教育的交叉和差异，从而促进明确指标体系的建构。

1.对生态文明教育组织管理的评价

思想政治教育活动的长期顺利开展必须依靠学校层面的权威性提供保障，所以对学校生态文明教育整体规划的评价是生态文明教育评价的最重要内容。首先是对学校生态文明教育理念的评价，一所学校的教育理念是评价办学水平的重要指标，切合前沿的、迎合社会发展要求的先进教育理念不仅可以提升评价指标体系的科学性、确保评价工作的长期持续性，更可以满足学生个人发展需要，提升教育效果。其次是对学校制度建设的评价，缺少制度的强制力，任何教育活动都无法实际开展，好的思想政治教育体系既要全面覆盖各职能部门，又要对工作的实际执行留有空间。

2.对生态文明课程教育的评价

教学是学校教育的最重要内容，生态文明教育的特殊性决定了其课程教育评价必须分成课堂教育和实践教育两个部分。目前，课堂教育仍是思想政治教育的最主要形式，生态文明课堂教育的评价可以从课时设置、课堂教学形式和学生素养测试等方面开展。从前文中生态文明教育内容和方式来看，生态文明课程教育评价的重点需要放在实践教育上。实践教育分成教学性质的实践教育和公益性质的实践教育，实践教学的主要形式是户外考察，而公益实践教育形式是志愿服务，所以对实践教育的评价一方面要对实践课堂的理论性和活动的融合程度进行科学系统评估，另一方面要对实践教育产生的社会效益进行评价。

3. 对生态文明教育效果的评价

教育成果是教育的出发点和落脚点，对教育成果的评价是生态文明教育评价的关键环节。对高校生态文明教育成果的评价可以从学生素养、校风校貌、社会影响三个方面进行。第一，对学生素养的评价可通过考试成绩、竞赛水平、生活习惯等外化形式展开，学生的良好生态素养是学校综合办学水平的积极体现，对学生毕业后的个人发展和全社会生态环境的整体改善都有着建设性意义，是一个会给社会文明进步提供强大推动力的循序渐进的必需举措。第二，良好的校园文化氛围可以给思想政治教育提供得天独厚的软环境，所以对校风校貌的评估可以从侧面反映生态文明教育效果。评价校风校貌可以从学校的绿化卫生程度、学生和教师的环境保护意识以及校园文化的开放性、包容性等方面进行。第三，学校生态文明教育的目的除了提升学生的生态素养及其发展层次外，更重要的是推动节约资源、保护环境、包容和谐的社会氛围的营造，所以对生态文明教育社会影响的评估也是评价生态文明教育效果的重要方面。

结论与展望

    本研究的主要目的是在借鉴中外生态文明教育先进理念和经验的基础上，应用实证研究方法把握当前高校生态文明教育现状，并结合社会主义生态文明建设需要和新时期大学生全面发展的现实需求，在思想政治教育视野下构建一个系统可行的大学生生态文明教育体系，为高等教育体系注入导向明确，而又更具包容性和开放性的发展理念，从而进一步提升其发展层次。

    生态文明教育问题源于全球性生态危机，其出发点是构筑宏观思维环境，提高人类生存质量，为应对生态危机营造更高层次、更具生命力的可持续发展氛围。但由于地表形态的复杂性和人类社会文化形式的多样性呈现，不同国家和地区的生态文明教育理念传承着不同的价值精神，社会主义制度条件下的生态文明教育必须以马克思主义为指导，以社会主义核心价值观为准则，适应社会主义国家建设需要，体现社会主义意识形态特征，在人文素养教育上全面贯彻落实绿色发展理念。所以，将生态文明教育纳入思想政治教育视野既是生态文明教育明确方向的需要，也是思想政治教育紧跟时代步伐、不断创新发展的需要。

大学生是社会主义建设的有生力量，他们的精神境界和综合素质是对国家高等教育整体水平的最直接反映，也是未来社会精神文明发展的风向标。在全面建成小康社会的要求下，生态文明素养是大学生想要立足于世、造福社会的必备品质。然而，对问卷量表调研和访谈调研两种实证研究方法应用后得到结果显示，目前大学生生态文明素养仍有很大提升空间。从精神层面来说，学生已具有一定的环境意识，也有对美好自然环境和和谐社会关系的强烈憧憬，但不具有完备的生态文明素质。一方面，学生对生态价值理念的选择存在疑惑甚至质疑；生活中的生态意识呈现不连贯和片段性特征。另一方面，学生生态法治意识薄弱，对生态立法和执法力度抱有很大质疑，对待环境破坏行为存有侥幸心理。从学生生态行为来看，绝大多数学生都能完成基本公共卫生行为，但在节能行为、志愿服务行为方面存在很大欠缺，攀比消费和过度消费问题严重。

从学校思想政治教育角度来看，高校生态文明教育工作具有很大改进空间。第一，从组织结构上看，生态文明教育尚未被纳入学校层面的思想政治教育视野中，学校对生态文明教育的重视程度和支持力度都十分有限，缺少生态文明教育固定场所。第二，从校园文化建设来看，宣传力度不够，缺少生态文化发展的校园软环境。第三，从理论和实践课程设置来看，理论课相关课时较少，教学内容和形式都需要进一步丰富；而实践课更是鲜见，亟待系统规划实施。

针对以上大学生生态文明教育中所存在问题，本书借鉴国外和我国港台地区的生态文明成人教育经验，从教育原则、教育内容、教育方式和教育评价四个方面初步构建了一个大学生生态文明教育体系，需要高校思想政治教育各职能部门共同努力，重视生态文明教育工作，营造生态文明教育环境，全面提升学生综合素质和学校办学水平。

因受制于时间、人力、资金等因素的缘故，本书的实证研究覆盖范围还不够广泛，生态文明教育体系的构建还不够细致、完备。在今后的研究中大学生生态文明教育还需要对马克思主义生态思想进行进一步挖掘，在实践应用的基础上不断发现问题，查漏补缺，提升理论的深度和完备性。

参考文献

主要著作

[1] 马克思：《马克思恩格斯选集》（第 1~4 卷）第二版，人民出版社，1995。

[2] 《毛泽东选集》（第 1~4 卷），人民出版社，1991。

[3] 《邓小平文选》（第 1、2 卷），人民出版社，1994。

[4] 《邓小平文选》（第 3 卷），人民出版社，1993。

[5] 《江泽民文选》（第 1~3 卷），人民出版社，2006。

[6] 中共中央文献研究室：《科学发展观重要论述摘编》，中央文献出版社、党建读物出版社，2008。

[7] 胡锦涛：《高举中国特色社会主义伟大旗帜为夺取全面建设小康社会新胜利而奋斗——在中国共产党第十七次全国代表大会上的报告》，人民出版社，2007。

[8] 国务院新闻办公室会同中央文献研究室、中国外文局：《习近平谈治国理政》，外文出版社，2014。

[9] 周光迅、武群堂等：《马克思主义生态哲学综论》，浙江大学出版

社，2015。

[10] 环境保护部环境与经济政策研究中心：《生态文明制度建设概论》，中国环境出版社，2016。

[11] 赵成、于萍：《马克思主义与生态文明建设研究》，中国社会科学出版社，2016。

[12] 陈宗兴：《生态文明建设》（理论卷/实践卷），学习出版社，2014。

[13] 〔美〕弗雷德·C. 潘佩尔：《Logistic 回归入门》，周穆之译，上海人民出版社，2014。

[14] 〔美〕安·A. 奥康奈尔：《定序变量的 logistic 回归模型》，赵亮员译，上海人民出版社，2012。

[15] 孙其昂：《思想政治教育现代转型研究》，学习出版社，2015。

[16] 沈壮海等：《中国大学生思想政治教育发展报告 2014》，北京师范大学出版社，2015。

[17] 谢守成、王长华：《思想政治教育研究文库：国际化视野下大学生思想政治教育创新发展研究》，人民出版社，2014。

[18] 陈志勇：《新媒体时代的大学生思想政治教育》，中国文史出版社，2014。

[19] 黄蓉生：《改革开放以来大学生思想政治教育论纲》，人民出版社，2014。

[20] 环境保护部宣传教育司：《全国公众生态文明意识调查研究报告》，中国环境出版社，2015。

[21] 庄友刚：《马克思主义原著选读》，苏州大学出版社，2014。

[22] 叶峻等：《社会生态学与生态文明论》，上海三联书店，2016。

[23] 余秋雨：《中华文化四十七讲》，北京联合出版公司，2013。

[24] 卢风：《非物质经济、文化与生态文明》，中国社会科学出版

社，2016。

［25］曹关平：《中国特色生态文明思想教育论》，湘潭大学出版社，2015。

［26］高鸿钧、王明远：《清华法治论衡：生态 法治 文明》，清华大学出版社，2014。

［27］〔美〕菲利普·克莱顿等：《有机马克思主义》，孟献丽等译，人民出版社，2015。

［28］董强：《马克思主义生态观研究》，人民出版社，2015。

［29］曹文婷等：《"生态学马克思主义"与马克思主义比较研究》，社会科学文献出版社，2015。

［30］沈月：《生态马克思主义价值研究》，人民出版社，2015。

［31］闫蒙钢：《生态文明教育的探索之旅》，安徽师范大学出版社，2013。

［32］〔美〕Richard Kahn：《批判教育学、生态扫盲与全球危机：生态教育学运动》，张亦默、李博译，高等教育出版社，2013。

［33］〔美〕塞缪尔·亨廷顿：《文明的冲突与世界秩序的重建》，周琪译，新华出版社，2010。

［34］张运君：《大学生生态文明教育读本》，湖北科学技术出版社，2014。

［35］盛跃明：《思想政治教育转型论：现代性的观点》，人民出版社，2015。

［36］张耀灿等：《现代思想政治教育学》，人民出版社，2006。

［37］沈坚：《文明的历程》，浙江大学出版社，2006。

［38］陈万柏、张耀灿：《思想政治教育学原理》，高等教育出版社，2007。

［39］沈壮海：《思想政治教育有效性研究》，武汉大学出版社，2008。

［40］刘仁胜：《生态马克思主义概论》，中央编译出版社，2007。

［41］姬振海：《生态文明论》，人民出版社，2007。

［42］广州市环境保护宣传教育中心：《马克思恩格斯论环境》，中国环

境科学出版社，2003。

[43] 骆方、刘红云、黄崑：《SPSS 数据统计与分析》，清华大学出版社，2011。

[44] 刘本炬：《论实践生态主义》，中国社会科学出版社，2007。

[45] 魏波：《环境危机与文化重建》，北京大学出版社，2007。

[46] 〔美〕亨利·梭罗：《瓦尔登湖》，徐迟译，吉林人民出版社，1997。

[47] 〔法〕阿尔贝特·史怀泽：《敬畏生命》，陈泽环译，上海社会科学院出版社，1996。

[48] 曲格平：《曲格平文集》（第七卷），中国环境科学出版社，2007。

[49] 卢风：《从现代文明到生态文明》，中央编译出版社，2009。

[50] 陈丽鸿、孙大勇：《中国生态文明教育理论与实践》，中央编译出版社，2009。

[51] 王凤：《公众参与环保行为机理研究》，中国环境科学出版社，2008。

[52] 〔美〕H.马尔库塞：《单向度的人》，张峰、吕世平译，重庆出版社，1998。

[53] 张文台：《生态文明建设论：领导干部需要把握的十个基本体系》，中共中央党校出版社，2010。

[54] 宋宗水：《生态文明与循环经济》，中国水利水电出版社，2009。

[55] 本书编写组：《生态文明建设学习读本》，中共中央党校出版社，2007。

[56] 时青昊：《20 世纪 90 年代以后的生态社会主义》，上海人民出版社，2009。

[57] 于海量：《环境哲学与科学发展观》，南京大学出版社，2007。

[58] 徐艳梅：《生态学马克思主义研究》，社会科学文献出版社，2007。

[59] 中国环境与发展国际合作委员会、中共中央党校国际战略研究

所：《中国环境与发展：世纪挑战与战略抉择》，中国环境科学出版社，2007。

[60] 徐再荣：《全球环境问题与国际回应》，中国环境科学出版社，2007。

[61] 姜春云：《偿还生态欠债——人与自然和谐探索》，新华出版社，2007。

[62] 刘金同、宫淑之、陈文新：《大学生文化修养》，北京大学出版社，2008。

[63] 骆郁廷：《当代大学生思想政治教育》，中国人民大学出版社，2010。

[64] 教育部思想政治工作司：《大学生思想政治教育与管理比较研究》，高等教育出版社，2010。

[65] 吴少怡：《大学生心理健康教育》，山东大学出版社，2012。

[66] 本书编写组：《当代大学生思想特点与发展趋势调研报告》，清华大学出版社，2013。

[67] 欧巧云：《当代大学生生命教育研究》，知识产权出版社，2009。

[68] 杨燕、丁文敏：《大学生责任教育概论》，山东人民出版社，2012。

[69] 〔美〕R.E. 安德森、I. 卡特：《社会环境中的人类行为》，王吉胜等译，国际文化出版公司，1988。

[70] 林可济：《〈自然辩证法〉研究》，社会科学文献出版社，2013。

[71] 苏启文：《青年心理学》，陕西师范大学出版社，2012。

[72] 《马克思主义历史理论经典著作导读》编写组：《马克思主义历史理论经典著作导读》，人民出版社，2013。

[73] 孙其昂：《思想政治教育学前沿研究》，人民出版社，2013。

[74] 李维昌：《当代中国思想政治教育主导性建设的利益分析》，中国社会科学出版社，2011。

[75] 张再兴、赵甲明：《科学发展观的理论与实践研究》，中央编译出

版社，2009。

[76] 杨通进、高予远：《现代文明的生态转向》，重庆出版集团、重庆出版社，2010。

[77] 刘鉴强：《中国环境发展报告》，社会科学文献出版社，2014。

[78] 田曼琦、白凯：《思想政治教育系统工程学》，人民出版社，1989。

[79] 罗国杰：《马克思主义价值观研究》，人民出版社，2013。

[80] 胡锦涛：《坚定不移沿着中国特色社会主义道路前进为全面建成小康社会而奋斗》，人民出版社，2012。

[81] 马克思：《1844 年经济学哲学手稿》，人民出版社，2008。

[82] 中共中央宣传部：《习近平总书记系列重要讲话读本》，学习出版社、人民出版社，2014。

[83] 《马克思恩格斯全集》第 25 卷，人民出版社，1972。

[84] 黄克剑：《〈论语〉解读》，中国人民大学出版社，2008。

[85] 《荀子新法》，楼宇烈主撰，中华书局，2018，第 140 页。

[86] 《道德经》，张景、张松辉译注，中华书局，2021，第 324 页。

[87] 《庄子集释》，（清）郭庆藩撰，中华书局，2012，第 43 页。

[88] 释迦牟尼：《金刚经·心经·坛经·地藏经》，吉林出版集团有限责任公司，2011。

[89] 《孟子》，方勇译注，中华书局，2018，第 1 页。

[90] 〔奥〕西格蒙德·弗洛伊德：《论文明》，何桂全等译，国际文化出版公司，2000。

主要论文

[1] 田霞、邢千里：《论增强高校思想政治教育的实效性》，《中国特色

社会主义研究》2007年第6期。

[2] 田霞、李然：《浅析思想政治教育价值实现的条件》，《首都经济贸易大学学报》2010年第6期。

[3] 田霞：《利用公共选修课弘扬和培育爱国主义及民族精神》，《才智》2014年第23期。

[4] 田霞：《大学教育与人的全面发展》，《山西师大学报》（社会科学版）2006年第1期。

[5] 田霞：《从大学职能看科学教育与人文教育的融合》，《北京行政学院学报》2007年第6期。

[6] 田霞、范梦：《分层次教学模式在高校思政课堂教学中的应用》，《高教探索》2014年第6期。

[7] 黄艳、成黎明：《大学生思想政治教育的新内涵、新使命、新要求》，《中国高等教育》2013年第8期。

[8] 段伟伟、焦家成：《当代大学生生态文明教育路径探索》，《江苏高教》2013年第6期。

[9] 万金成：《当代大学生生态文明素养教育的路径探讨》，《教育探索》2014年第8期。

[10] 刘建伟：《高校开展大学生生态文明教育的必要性及对策》，《教育探索》2008年第6期。

[11] 张乐民：《当代大学生生态文明教育论析》，《中国成人教育》2016年第10期。

[12] 喻义东：《社会主义核心价值观基本属性及教育原则探析》，《河海大学学报》（哲学社会科学版）2015年第4期。

[13] 李全文：《全面依法治国视域中的大学生法治教育》，《思想理论教育导刊》2016年第5期。

［14］李春华：《构建现代思想政治教育评价体系基本特征研究》，《中国高等教育》2012 年第 2 期。

［15］袁卫国：《高校思想政治教育的特性与创新》，《学校党建与思想教育》2012 年第 9 期。

［16］段蕾、康沛竹：《走向社会主义生态文明新时代——论习近平生态文明思想的背景、内涵与意义》，《科学社会主义》2016 年第 2 期。

［17］李仙娥、郝奇华：《生态文明制度建设的路径依赖及其破解路径》，《生态经济》2015 年第 4 期。

［18］Arne Naess, "A Defence of the Deep Ecology Movement", Environmental Ethics（Fall 1984）.

［19］吕忠梅：《中国生态法治建设的路线图》，《中国社会科学》2013 年第 5 期。

［20］戴瑞：《思想政治教育的公共化转型》，《马克思主义与现实》2013 年第 1 期。

［21］J. 柯布、庞宇哲：《走向一种建设性后现代的生态文明》，《马克思主义与现实》2016 年第 4 期。

［22］于冰：《"人化自然"与现代生态意识的构建》，《北方论丛》2011 年第 6 期。

［23］李忠安、张博强：《大学生生态意识教育的内涵及发展理路》，《黑龙江高教研究》2013 年第 2 期。

［24］方立天：《佛教生态哲学与现代生态意识》，《文史哲》2007 年第 4 期。

［25］王甲旬、喻继军：《新时期加强生态文明教育论析》，《学校党建与思想教育》2016 年第 3 期。

［26］ 赵志勇、张蕾：《高等学校道德教育评价研究》，《黑龙江高教研究》2012 年第 4 期。

［27］ 陈艳：《论高校生态文明教育》，《思想政治教育研究》2013 年第 4 期。

［28］ 刘丽红、张忠：《高校生态文明教育的哲学思考》，《教育评论》2016 年第 3 期。

［29］ 吴明红：《高校大众化生态文明教育的思考》，《黑龙江高教研究》2016 年第 1 期。

［30］ 郭岩：《高校生态文明教育探究》，《教育探索》2015 年第 10 期。

［31］ 赵海月、王瑜：《海德格尔生态伦理思想考析》，《甘肃社会科学》2010 年第 6 期。

［32］ 简新华、叶林：《论中国的"两型社会"建设》，《学术月刊》2009 年第 3 期。

［33］ 李妍：《高等院校在构建和谐社会中的独特功能》，《中国党政干部论坛》2008 年第 8 期。

［34］ 陈勇、陈蕾、陈旻：《新时期思想政治教育研究范式的现状及发展析论》，《思想教育研究》2012 年第 11 期。

［35］ 郭实渝：《环境伦理与生态文明教育》，《教育资料辑刊》（台湾）2008 年第 6 卷（25）。

［36］ 杨冠政：《环境伦理——环境教育的终极目标》，《环境教育》2004 年第 3 期。

［37］ 李培超：《环境伦理学本土化的重要视点：传统文化与环境伦理学的冲突》，《中国矿业大学学报》（社会科学版）2007 年第 2 期。

［38］ J. B. 克里考特著《罗尔斯顿论内在价值：一种结构》，雷毅译，

《哲学译丛》，1999（补）。

［39］张德昭、杨华：《论生态经济学的伦理基础》，《伦理学研究》2010年第7期。

［40］刘梅：《生态社会主义的社会发展观》，《社会主义研究》2004年第6期。

［41］穆艳杰、郭杰：《以生态文明建设为基础努力建设美丽中国》，《社会科学战线》2013年第2期。

［42］穆艳杰：《生态学马克思主义的生态危机理论分析》，《吉林大学社会科学学报》2009年第3期。

［43］于新：《马克思价值论视野中的"自然观"》，《理论月刊》2006年第7期。

［44］张博强：《略论大学生生态文明教育》，《思想理论教育导刊》2013年第6期。

［45］刘建伟：《高校开展大学生生态文明教育的必要性及对策》，《教育探索》2008年第6期。

［46］徐民华：《生态社会主义的生态发展观对构建和谐社会的启示》，《当代世界与社会主义》2005年第6期。

［47］张新平：《从生态伦理的视角论循环经济》，《经济社会体制比较》2007年第1期。

［48］潘丽莉：《生态和谐关系研究进展》，《中国矿业大学学报》2009年第2期。

［49］韦如梅：《国外马克思主义生态观研究及对中国生态文明建设的观照与思考》，《社会主义与当代世界》2013年第5期。

［50］俞白桦：《关于加强高校生态文明建设的思考》，《思想理论教育导刊》2008年第11期。

［51］ 苗聪：《论生态思维方式及其构建》，《学术探索》2014 年第 6 期。

［52］ 张晓德、王守义：《生态文明——人类文明持续发展的必然选择》，《未来与发展》1996 年第 4 期。

［53］ 曾繁仁：《试论生态审美教育》，《中国地质大学学报》（社会科学版）2011 年第 7 期。

［54］ 李红卫：《生态文明——人类文明发展的必由之路》，《社会主义研究》2004 年第 6 期。

［55］ 张连国：《生态文明视野中的政治文明》，《社会科学战线》2005 年第 1 期。

［56］ 李良美：《生态文明的科学内涵及其理论意义》，《毛泽东邓小平理论研究》2005 年第 2 期。

［57］ 俞可平：《科学发展观与生态文明》，《马克思主义与现实》2005 年第 4 期。

［58］ 周鸿：《生态文化建设的理论思考》，《思想战线》2005 年第 5 期。

［59］ 郭家骥：《生态文化论》，《云南社会科学》2005 年第 6 期。

［60］ 付文杰、何艳玲：《论生态文明与生态道德教育》，《教育探索》2005 年第 12 期。

［61］ 陈家刚：《生态文明与协商民主》，《当代世界与社会主义》2006 年第 2 期。

［62］ 张云飞：《试论生态文明在文明系统中的地位和作用》，《教学与研究》2006 年第 5 期。

［63］ 杨文圣、焦存朝：《论生态文明与人的全面发展》，《理论探索》2006 年第 4 期。

［64］ 潘一岳：《生态文明是社会文明体系的基础》，《中国国情国力》2006 年第 10 期。

［65］范梦：《论"五位一体"视域下的生态文明教育》，《湖北经济学院学报》（人文社会科学版）2015 年第 7 期。

［66］易小明：《论生态文明的限度》，《道德与文明》2006 年第 5 期。

［67］刘经纬、赵晓丹：《对学生进行生态文明教育的模式与途径研究》，《教育探索》2006 年第 10 期。

［68］薛莲、庞昌伟：《践行依法治国方略：推进生态文明建设的重要保障》，《学术交流》2015 年第 10 期。

［69］桑杰：《中国共产党关于生态文明建设的理论与实践》，《红旗文稿》2006 年第 23 期。

［70］余谋昌：《环境哲学是生态文明的哲学基础》，《科学对社会的影响》2006 年第 4 期。

［71］卓越、赵蕾：《加强公民生态文明意识建设的思考》，《马克思主义与现实》2007 年第 3 期。

［72］贾庆林：《切实抓好生态文明建设的若干重大工程》，《求是》2011 年第 4 期。

［73］赵凌云、常静：《历史视角中的中国生态文明发展道路》，《江汉论坛》2011 年第 2 期。

［74］李培超：《论生态文明的核心价值及其实现模式》，《当代世界与社会主义》2011 年第 1 期。

［75］赵绍敏：《坚持和发展马克思主义的生态文明理论》，《科学社会主义》2010 年第 6 期。

其 他

［1］孙秀艳、寇江泽、卞民德：《中央治理环境污染决心空前　代表委

员期待政策措施落实》，《人民日报》2015 年 3 月 9 日。

［2］中共环境保护部党组：《党的十八大以来生态文明建设的理论与实践 》， http：//www. wenming. cn/specials/zxdj/xjp/zglz/qtmt/201606/t20160615_ 3445236. shtml。

［3］党的十八大报告（全文），http：//www. wenming. cn/xxph/sy/xy18d/201211/t20121119_ 940452. shtml。

［4］中国共产党十八届三中全会公报（全文），http：//news. xinhuanet. com/house/tj/2013-11-14/c_ 118121513. htm。

［5］十八届四中全会决定（全文），http：//yjbys. com/jiuyezhidao/news/697 319. html。

［6］国家十三五规划纲要（全文），http：//www. yjbys. com/news/424555. html。

图书在版编目（CIP）数据

大学生生态文明教育研究 / 范梦著. --北京：社
会科学文献出版社，2023.3
ISBN 978-7-5228-1502-2

Ⅰ.①大… Ⅱ.①范… Ⅲ.①生态文明-教学研究-
高等学校 Ⅳ.①X24

中国国家版本馆 CIP 数据核字（2023）第 040762 号

大学生生态文明教育研究

著　　者 / 范　梦

出　版　人 / 王利民
责任编辑 / 薛铭洁
责任印制 / 王京美

出　　　版 / 社会科学文献出版社·皮书出版分社（010）59367127
　　　　　　地址：北京市北三环中路甲 29 号院华龙大厦　邮编：100029
　　　　　　网址：www.ssap.com.cn
发　　　行 / 社会科学文献出版社（010）59367028
印　　　装 / 三河市龙林印务有限公司

规　　　格 / 开　本：787mm×1092mm　1/16
　　　　　　印　张：14.5　字　数：187 千字
版　　　次 / 2023 年 3 月第 1 版　2023 年 3 月第 1 次印刷
书　　　号 / ISBN 978-7-5228-1502-2
定　　　价 / 128.00 元

读者服务电话：4008918866